| 정브르

140만 구독자를 보유한 생물 크리에이터. 곤충과 파충류부터 바다생물까지 다양한 생물을 소개하는 참신한 콘텐츠를 선보이며 생물 전문 크리에이터로 큰 사랑을 받고 있답니다. 유튜브 채널에서 동물 사육, 채집, 과학 실험 등의 재미있고 유익한 영상을 소개하고 있으며, 도서와 영화를 통해 고유의 콘텐츠와 더불어 동물을 사랑하는 마음까지 대중에게 알리고 있어요.

1판 1쇄 인쇄 2025년 1월 3일
1판 1쇄 발행 2025년 1월 24일

발행인 | 심정섭
편집인 | 안예남
편집장 | 최영미
편집자 | 이수진, 박유미
브랜드마케팅 담당 | 김지선, 하서빈
출판마케팅 담당 | 홍성현, 김호현
제작 | 정수호

발행처 | (주)서울문화사
등록일 | 1988년 2월 16일
등록번호 | 제 2-484
주소 | 서울특별시 용산구 새창로 221-19
전화 편집 | 02-799-9375 **출판마케팅** | 02-791-0708
본문 구성 | 덕윤웨이브 **디자인** | 권규빈
인쇄처 | 에스엠그린

ISBN 979-11-6923-498-6
        979-11-6438-488-4 (세트)

생생체험
자연관찰

정브르의
별별파충류일기

브루와 함께 떠나는
별별 파충류 · 양서류 탐험!

서울문화사

차례

동물의 분류

동물은 크게 척추동물과 무척추동물로 나눌 수 있어요. 척추동물은 등뼈가 있는 동물로, 우리가 알고 있는 포유류, 조류, 어류, 파충류, 양서류가 모두 척추동물에 속해요.
반면 무척추동물은 등뼈가 없는 동물로, 거미 같은 절지동물이나 달팽이 같은 연체동물 등을 말해요.

파충류란?

척추동물인 파충류는 주변 온도에 따라 체온이 바뀌는 변온동물이에요. 파충류의 피부는 비늘, 껍질 등으로 덮여 있어요. 그래서 몸 안의 수분이 밖으로 빠져나가지 않고, 건조한 사막에서도 살아갈 수 있지요. 따뜻한 낮에 활동하는 것을 좋아하는 파충류가 있고, 먹잇감이 많은 밤에 활동하는 것을 좋아하는 파충류도 있어요.

파충류의 종류에는 뱀, 도마뱀, 거북, 악어 등이 있어요.
도마뱀은 스스로 꼬리를 자를 수 있고, 악어는 어두운 밤에도 주변에 있는 물체를 잘 볼 수 있어요. 이처럼 파충류는 종마다 각각 특별한 능력이 있답니다.

별별 파충류 상식

나미브 물갈퀴 도마뱀붙이는 아프리카의 나미비아 사막에 서식해요. 발가락에 물갈퀴가 있어서 부드러운 모래 위에서도 빠지지 않고 쉽게 굴을 팔 수 있어요. 눈동자가 특이하고 멋있는 도마뱀이에요.

파충류 이름: 나미브 물갈퀴 도마뱀붙이

파충류 이름: 풀뱀

유럽에 널리 서식하는 풀뱀은 주로 개구리, 두꺼비와 같은 양서류를 잡아먹어요. 수영을 잘해서 물 주변에서 생활하기도 해요. 다른 파충류들처럼 겨울에는 땅속에서 겨울잠을 자요.

그리스거북은 북아프리카 등에 서식하는 육지거북이에요. 종을 다시 세분한 수많은 아종이 있고, 아종마다 크기, 색상, 생태 등이 달라요. 주로 풀과 식물을 먹으며 살아가는 초식동물이지요.

파충류 이름: 그리스거북

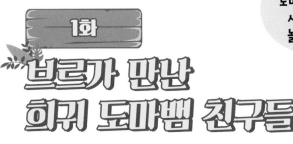

1화
브르가 만난
희귀 도마뱀 친구들

오늘은 다양한 도마뱀을 키우는 사육자 집에 놀러 왔어요!

브린이를 위한 상식

'나미브 물갈퀴 도마뱀붙이'라고도 부르는 나미브 웹풋 게코는 건조한 지역에 서식해요. 몸 색깔이 모래와 비슷해서 모래 속에 자연스럽게 숨을 수 있지요.

제일 먼저 만난 친구는 나미브 웹풋*게코예요. 눈이 특이하게 생겼죠?

나미브 웹풋 게코

브르 안녕?

이집트에 서식하는 듄 게코랑 눈이 비슷해요.

발이 넓적하고 몸은 조금 투명해요. 밤에는 몸의 일부분이 형광빛으로 빛나요.

듄 게코

내 눈은 밤에 보면 더 예뻐!

6 *게코: 도마뱀붙이 종류를 통틀어 이르는 말.

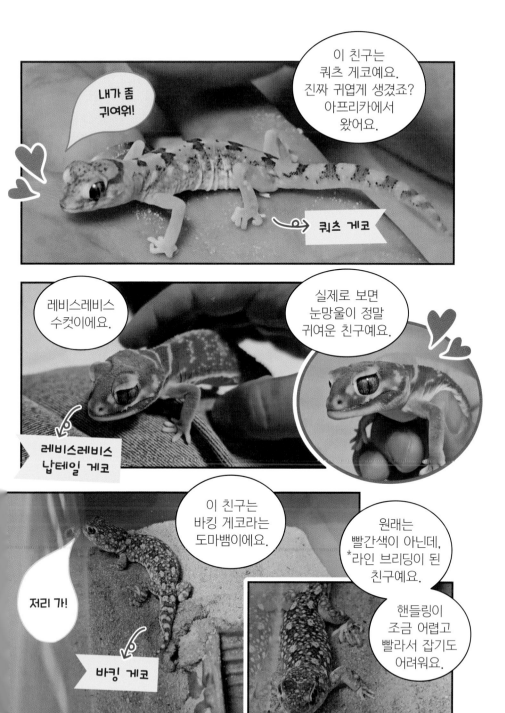

*라인 브리딩: 특정 개체의 우수한 유전자를 후대에 남기기 위한 번식법.

짖는 소리를 뜻하는 바킹(barking)이라는 이름에 걸맞게 밤이 되면 짖어요.

암컷

노래하는 거야!

브린이를 위한 상식

바킹 게코는 남아프리카에 서식하는 도마뱀이에요. 더위를 피하고 적의 위험으로부터 몸을 보호하기 위해 굴을 파고 들어가는 습성이 있어요. 그래서 주로 굴을 파기 좋은 단단한 모래나 흙 지역에 서식하지요.

수컷은 색이 좀 더 화려해요.

수컷

사육자분이 귀뚜라미 사육장을 굉장히 잘 관리하고 계시네요.

그릇에 야채와 사료, 물 등을 넣고 꼼꼼하게 관리해 주는 것이 중요하답니다.

세팅이 잘 되어 있는 귀뚜라미 사육장

이렇게 상태가 좋은 귀뚜라미를 먹여야 영양분이 잘 전달되겠죠?

살기 좋아!

이 친구는 누굴까요?

스윽

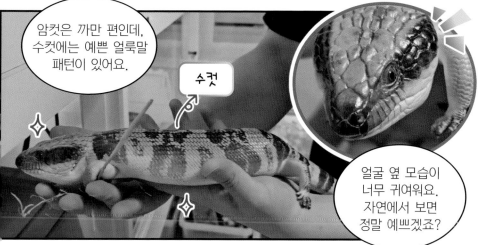

이 친구는 버터플라이 아가마예요. 멋있죠?

늠름

버터플라이 아가마

드디어 오늘의 주인공을 만날 거예요. 와, 정말 찾기 힘들게 숨어 있네요.

나를 찾다니!

오늘의 주인공은 뉴질랜드에 서식하는 그린 게코예요. 녹색 도마뱀붙이라고도 불러요.

날렵하게 생겼고, 발색이 굉장히 화려해요.

브린이를 위한 상식
뉴질랜드에 서식하는 그린 게코는 주로 낮에 생활하는 주행성 동물이에요. 그래서 나무 위에 올라가 따뜻한 햇볕을 쬐기도 하지요. 주식으로 곤충을 먹지만, 작은 열매 등을 먹기도 해요.

양중

그린 게코

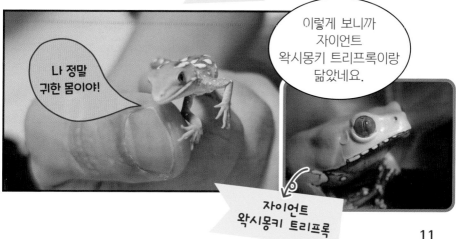

나 정말 귀한 몸이야!

이렇게 보니까 자이언트 왁시몽키 트리프록이랑 닮았네요.

자이언트 왁시몽키 트리프록

11

*쿨링: 인위적인 온도 변화로 겨울철 동면의 효과를 주는 것.

사납지만 매력적인 게코

오늘도 희귀한 친구를 만나러 왔습니다!

토케이 게코가 반겨주네요!

브르 안녕?

토케이 게코

브린이를 위한 상식

'토케이 도마뱀붙이'라고도 불리는 토케이 게코는 아시아와 태평양에 있는 섬에 서식해요. "토케이"하고 우는 독특한 울음소리 때문에 토케이 게코라는 이름이 붙었지요. 숲속에 서식하며, 숲과 가까운 곳에 있는 시골 집에서도 발견할 수 있어요.

토케이 게코 친구들이 살고 있는 방이에요.

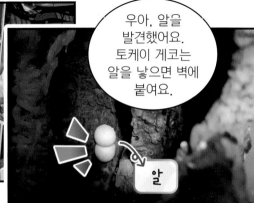

우아, 알을 발견했어요. 토케이 게코는 알을 낳으면 벽에 붙여요.

알

뱀

뱀과 싸우고 있는 토케이 게코!

뱀에게 토케이 게코가 공격당하고 있을 때 친구가 와서 도와줬다는 얘기가 있어요.

보통 덩치가 작은 암컷이 공격을 받고 있으면 수컷이 와서 도와줘요.

내 아내는 내가 지킨다!

이 친구는 칼리코라는 모프예요.

나랑 놀자!

칼리코

브린이를 위한 상식

모프(morph)는 '변하다'라는 뜻의 영어 단어예요.
파충류를 키우는 사람들 사이에서는 같은 종이지만 유전적 변이로 색상이 달라지는 등 특이한 점이 나타나는 개체를 모프라고 불러요.

점점 하얗게 벗겨지는 특성이 있어서 특이하게 생겼어요.

하얘질 거야!

*파이어업: 색상이 진해지거나 어두워지는 것.

17

이 친구는 최근에 유전이 검증된 그라니 계열의 고스트 모프예요.

머리에는 빨간색, 몸에는 검정색, 발에는 보라색 등 다양한 색이 섞여 있어요.

고스트 모프는 까맣게 태어나는데, 자라면서 뒤통수, 앞다리, 뒷다리가 먼저 벗겨지고 형질이 좋아질수록 꼬리, 몸통까지 벗겨져요.

내가 참 독특하지?

내가 제일 멋져!

이 친구는 플래티넘으로 추정되는 모프예요. 정말 크고 꼬리도 엄청 두꺼워요.

자연에서도 보기 힘든 다양한 토케이 게코들을 만날 수 있어서 즐거운 시간이었어요!

18

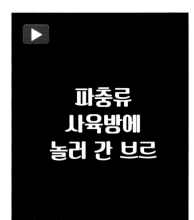

브린이를 위한 상식

액키모니터라는 이름으로 알려져 있는 돌기꼬리왕도마뱀은 호주에 서식하는 도마뱀이에요. 다른 왕도마뱀들에 비해 크기가 작은 편이며, 이름처럼 꼬리에 돌기가 많아요.

우아, 액키모니터예요. 매우 작은 도마뱀 종류인데 이 친구는 아직 어린 개체네요.

안녕?

조심히 다뤄 줘!

제 손가락만 해요. 정말 작죠? 다 커도 얼마 차이 안 나요.

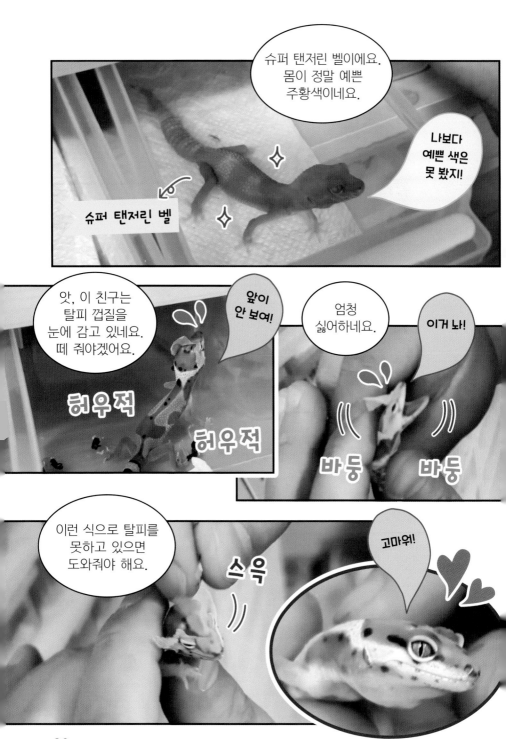

레오파드 게코
블랙 나이트

반가위!

와, 블랙 나이트예요.
예쁜 눈망울과 선명한
색깔 보이죠?
전체적으로는 까만색이지만,
중간은 노랗고, 또
배는 하얗습니다.

또 다른
레오파드 게코예요.
색깔이 정말 진한
주황색이에요.

레오파드 게코
블러드 만다린

나
예뻐?

브린이를 위한 상식
레오파드 게코는 바위가 많은
초원이나 사막 지역에 서식해요.
대부분의 도마뱀붙이(게코)와
다르게 눈꺼풀이 있고, 발에*흡반이
없어서 벽에 달라붙지 못해요.

레오파드 게코의
눈망울도 굉장히
매력적입니다.

초롱

초롱

크레스티드 게코
달마시안

우아, 이 친구는
몸에 박혀 있는 점들이
정말 매력적이네요.

*흡반: 다른 동물이나 물체에 달라붙기 위한 기관.

*투슬리스: 영화 〈드래곤 길들이기〉 시리즈에 등장하는 드래곤 캐릭터.

브린이를 위한 상식
도마뱀은 같은 종이어도 색깔이 다른 모프가 정말
많아요. 블랙 나이트, 화이트 나이트, 블러드 썬글로우
역시 모두 같은 레오파드 게코이지만 색이 달라서 각자
색다른 매력을 느낄 수 있지요.

정브르의 파충류 탐구

도마뱀은 파충류 중에서도 종류가 다양한 종이에요.
일반 도마뱀 이외에도 도마뱀붙이, 장지뱀 등 여러 종이 있답니다.

영상으로
확인해 봐요!

★정브르의 파충류 탐구★

파충류 이름: 납테일 게코

꼬리가 손잡이처럼 동그랗게 말려
있어요. 자절할 수 있는 부분이 여러
곳인 다른 도마뱀들과 달리 꼬리
가장 밑부분만 자절할 수 있지요.
호주의 건조한 지역부터 바닷가까지
널리 서식해요.

·크기: 평균 8~10cm
·먹이: 곤충 등
·사는 곳: 사막, 모래 평원 등

★도마뱀의 특별한 능력, 자절★

대부분의 도마뱀은 포식자로부터 도망칠 때 꼬리를
끊어내는데, 이러한 행동을 '자절'이라고 해요. 즉,
자절이란 위기에서 벗어나기 위해 스스로 몸의
일부를 끊어내는 행동이에요. 도마뱀의 꼬리는 몸에서
떨어진 후에도 잠시 동안 꿈틀거리는데, 포식자가
꼬리에 한눈판 사이에 도망치는 거지요. 자절한 후에
다시 자란 꼬리는 또 자절할 수 없어요.

자절하는 동물에는 도마뱀 이외에도 게,
불가사리 등이 있어요.

꼬리가 잘린 도마뱀
↓

오늘은 저의 사육 공간을 보여 줄게요!

2화
브르이 도마뱀 번식 비법 대공개!

브린이를 위한 상식

거들테일 아르마딜로는 '아르마딜로 갑옷 도마뱀'이라고도 하며, 남아프리카의 사막, 암석 지역에 서식해요. 바위 틈에 여러 마리가 모여서 함께 살아가며, 주행성 동물로 주로 낮에 활동해요.

거들테일 아르마딜로

제가 키우는 거들테일 아르마딜로 암컷이에요.

이 친구들은 암수가 성격이 잘 맞아야 번식도 하고 사이좋게 지내요.

안녕?

물은 보통 2~3일 간격으로 챙겨 줍니다.

물그릇

먹이는 밀웜으로 일주일에 딱 두 번만 줍니다. 죽어 있는 밀웜은 먹지 않아요.

앗. 밥그릇이 비어서 먹이를 줘야겠어요.

밥그릇

사육장에 생긴 먼지는 분무기나 흙을 뿌려서 털어 줘요.

바닥재는 몇 개월 주기로 교체해 주고 있어요.

도마뱀을 사육할 때 제일 중요한 건 스트레스를 안 받게 하는 거예요.

이 친구는 저랑 지내면서 4마리를 출산했어요.

아빠 밥 주세요!

이렇게 꼬리를 무는 건 방어를 하는 거예요.

꽈악

도마뱀의 가시는 생각보다 날카로워요. 꼬리를 물다가 자기 가시에 찔려 염증이 생길 수 있어서 이 자세를 유도하는 건 좋지 않아요.

우로보로스

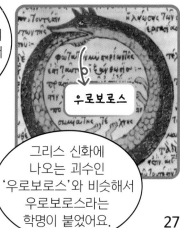

그리스 신화에 나오는 괴수인 '우로보로스'와 비슷해서 우로보로스라는 학명이 붙었어요.

27

굴을 파서 은신처를 만들고 사회성이 있는 개체라 다 같이 지내요.

스윽

이 친구가 아빠예요.

수컷

반가워!

태어난 지 몇 개월 지난 새끼입니다.

새끼는 혼자 사냥을 하기도 하지만, 엄마나 아빠가 데리고 다니면서 먹이를 챙겨 줘요. 제가 새끼만 따로 먹이를 챙겨 준 적이 한 번도 없는데 이렇게 잘 성장했다는 건 엄마나 아빠가 챙겨 줬다는 거예요.

귀 욤

나랑 놀자!

자연에서는 자연광을 쬐는 걸 좋아해요.

부모가 새끼를 챙기면서 관계가 형성되기 때문에 새끼를 많이 만지지 않도록 주의해야 돼요.

햇빛이 좋아!

엄마만 따라다니는 새끼

암컷은 일 년에 두 번까지 출산하고 임신 기간은 4~5개월 정도입니다.

내 남편 봤어?

암컷과 수컷의 금실이 굉장히 좋아야 출산을 해요.

거들테일 아르마딜로는 새로운 성체와 합사시키면 자신의 무리를 지키려고 전투적으로 변해요.

수컷

무리에서는 크고 힘이 센 수컷이 우두머리가 되는데, 이 친구가 바로 우두머리예요.

내가 대장이야!

암수가 모두 전투적인 성향이 있어서 성별과 상관없이 싸우는데, 서로 성격이 잘 맞으면 싸우지 않아요.

암컷

암컷이 짝을 찾을 시기여서 수컷과 합사시켰는데, 다행히 싸우지 않고 금실 좋은 한 쌍이 되었어요.

내 남편이 최고야!

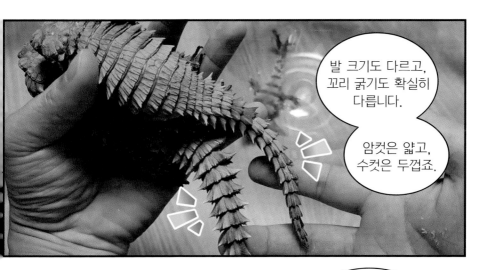

발 크기도 다르고, 꼬리 굵기도 확실히 다릅니다.

암컷은 얇고, 수컷은 두껍죠.

화목한 거들테일 가족

겨드랑이 쪽을 보면 탈피 껍질이 올라와 있어요.

새끼는 자기 방어로 꼬리를 물지 않고 죽은 척을 하네요.

나 죽음!

암컷은 출산하면 스스로 휴식기를 가져요. 휴식기 이후에는 또 임신합니다.

UVB는 자외선의 종류로, 프로비타민 D를 활성화시켜 동물에게 필요한 비타민 D로 전환시켜요. 동물의 건강을 위해 사육장에 UVB등을 설치하기도 해요.

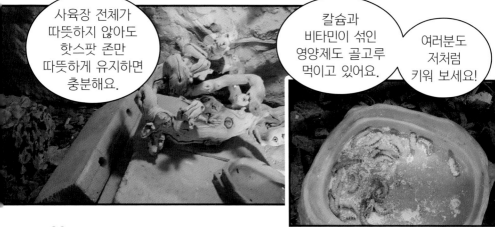

도마뱀
사육장 꾸미기

사타닉 리프테일 게코를 입양하기 전에 사육장을 꾸며줄게요.

사타닉이 습도가 높은 곳에서 살기 때문에 보석란, 브로멜리아드 등을 비바리움에 많이 사용해요.

비바리움에 물을 뿌리고 식물과 함께 키우면서 작은 생태계를 만드는 거예요.

브린이를 위한 상식

비바리움이란 관찰이나 연구를 하기 위해 동식물을 모아 놓고 사육하는 공간이에요. 생물이 잘 살 수 있도록 흙, 돌, 풀 등으로 적합한 환경을 만들어 주기 때문에 하나의 작은 생태계라고 할 수 있어요.

산책하다가 주워 온 낙엽들,

수태, 넝쿨 등도 넣어 줄게요.

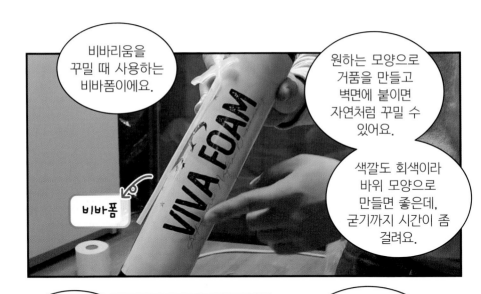

비바리움을 꾸밀 때 사용하는 비바폼이에요.

원하는 모양으로 거품을 만들고 벽면에 붙이면 자연처럼 꾸밀 수 있어요.

색깔도 회색이라 바위 모양으로 만들면 좋은데, 굳기까지 시간이 좀 걸려요.

비바폼

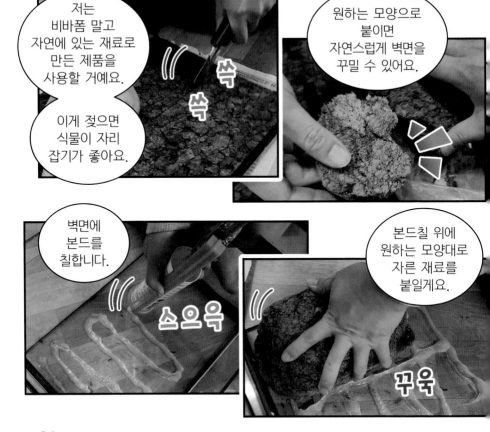

저는 비바폼 말고 자연에 있는 재료로 만든 제품을 사용할 거예요.

이게 젖으면 식물이 자리 잡기가 좋아요.

쓱

쓱

원하는 모양으로 붙이면 자연스럽게 벽면을 꾸밀 수 있어요.

벽면에 본드를 칠합니다.

스으윽

본드칠 위에 원하는 모양대로 자른 재료를 붙일게요.

꾸욱

빈 공간에는 식물들을 채울게요.

벌써 멋진 분위기가 나죠?

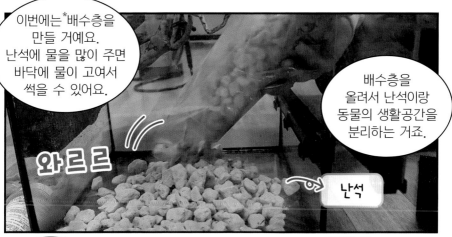

이번에는 *배수층을 만들 거예요. 난석에 물을 많이 주면 바닥에 물이 고여서 썩을 수 있어요.

배수층을 올려서 난석이랑 동물의 생활공간을 분리하는 거죠.

와르르

난석

바닥재까지 넣으면 배수층 완성!

촤앗

바닥재

제주도에서만 자라는 우리나라 자생 식물인 제주애기모람이에요. 모양도 예쁘고 잘 퍼지기 때문에 비바리움에 많이 사용해요.

제주애기모람

*배수층: 고여 있는 물을 밖으로 퍼내거나 다른 곳으로 보낼 물이 있는 층.

다음으로 준비한 식물들도 적절히 배치해 줄게요.

베고니아

보석란

식물을 심을 위치를 미리 정해 놓으면 좋아요.

브로멜리아드

펠리오니아 리펜스

식물들이 자리를 잡고 퍼지면 훨씬 멋질 거예요.

마지막으로 분해 생물을 넣을게요.

브린이를 위한 상식

분해 생물이라고도 하는 분해자는 자연에서 동식물의 사체나 배설물을 분해하는 생물이에요. 분해자가 무기물로 분해한 동물의 사체, 배설물은 다시 자연으로 돌아가 생태계에 영양을 공급해요. 대표적인 분해자로는 지렁이, 톡토기, 곰팡이, 세균 등이 있어요.

배각류인
구슬공노래기예요.

구슬공노래기

작고 귀엽죠?
일반 쥐며느리나
공벌레보다
조금 더 희소한
친구들이에요.

우리나라에
서식하며,
도마뱀의 똥을 먹고
자라면서 번식할
거예요.

드워프 화이트도
분해 생물로서
최고입니다.

드워프 화이트

동물의 똥을
먹고 다양한
영양분을 분해해 줄
생물이 필요하기
때문에 비바리움에
분해 생물을
넣어요.

분해자만
풀어 놓으면

동물의 똥을
치울 일이 없는 게
비바리움의
장점이에요.

비바리움은 스스로
*자정 작용도 해요.
사육장 속 작은
생태계랍니다.

비바리움 완성~!

*자정 작용: 오염된 물이나 땅 등이 저절로 깨끗해지는 작용.

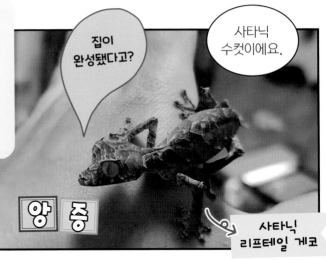

집이
완성됐다고?

사타닉
수컷이에요.

양 중

사타닉
리프테일 게코

꼬리가
나뭇잎처럼
생겨서 리프테일
게코에 속해요.

그중에서도 얼굴이
사탄을 닮았다고 해서
사타닉 리프테일
게코라고 합니다.

꼬리가
공원에 있는 낙엽을
붙여 놓은 것
같죠?

내 꼬리
멋지지?

사타닉은
리프테일 게코 중에서
소형종에 속해요.
이게 다 큰 거예요.

이 친구는 암컷이에요.
사타닉은 크레스티드
게코처럼 꼬리가 잘리면
재생이 안 돼서 조심히
다뤄야 해요.

내 얼굴이
사탄을
닮았다니!

암컷

수컷

수컷은 꼬리가
갉아먹은 것처럼
파여 있어요.

반면에
암컷은 꼬리가
매끈해요.

암컷

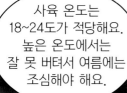

사육 온도는
18~24도가 적당해요.
높은 온도에서는
잘 못 버텨서 여름에는
조심해야 해요.

도마뱀 중에서도
굉장히 약한 종이에요.
그래서 자연에서는
사물이나 식물에
*의태해서 살아가요.

소중하게
다뤄 줘!

등에도 낙엽과 비슷한 무늬가 있어요.

다른
사육자분은
다트프록과 함께
키우고 있으신데

다트프록

다트프록은
주행성이고,
사타닉은 야행성이라
같은 사육장에 넣어도
서로 건드리지 않고
잘 지낸다고
하네요.

사이 좋게
지내자!

*의태: 몸을 보호하기 위해 모양, 색깔 등이 주위와 비슷해지는 현상.

39

오늘은 공룡을 닮은 파충류 친구를 만나러 왔어요!

목도리 도마뱀

인공적으로 사육한 개체들은 온순해서 목도리를 펼치지 않는데, 가끔씩 사나운 애들은 펼쳐서 위협해요.

태어난 지 얼마 안 된 작은 친구도 있어요.

양증

안녕!

진짜 귀엽고 독특한 친구들이에요.

레드아이 아머드 스킨크

브린이를 위한 상식

레드아이 아머드 스킨크는 오스트레일리아 대륙의 뉴기니섬에 서식하는 도마뱀이에요. 온도가 낮고 습한 열대우림에서 살아요. 천적을 만나면 죽은 척을 해서 위험에서 벗어나는 똑똑한 동물이에요.

성체는 이렇게
눈 옆에 붉은색이
있어요.
신기하죠?

새끼 때는
눈 근처가 빨갛지 않은데
자라면서 점점 빨갛게
돼요.

예쁜 내 눈을
봐 줘!

정면 모습은
화가 난 것처럼
보여요.

오, 제가
미국에서
잡아 본 적 있는
게코예요.

반가워!

자이언트 데이 게코

이 친구는
색상을 보니까
암컷 같아요.
눈이 크네요.

똘망

똘망

카멜레온
포레스트 리자드

41

발색이 굉장히 멋있죠? 동남아에서 흔히 볼 수 있어요.

따뜻하게 핫스팟 존이랑 UVB등으로 관리해 주고 있네요.

블루테구

테구 중 하나인 블루테구도 있어요.

할마헤라 자이언트 게코

나 멋있지?

브린이를 위한 상식

할마헤라 자이언트 게코는 인도네시아의 할마헤라섬에 서식하는 도마뱀이에요. 길이가 25cm 이상까지도 성장하며, 자연에서는 작은 곤충을 먹으며 살아가요.

정말 멋있죠? 이 친구는 인도네시아의 할마헤라섬에서 왔어요.

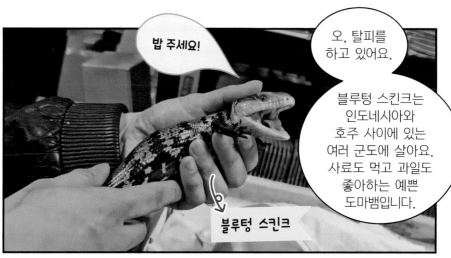

밥 주세요!

오, 탈피를 하고 있어요.

블루텅 스킨크는 인도네시아와 호주 사이에 있는 여러 군도에 살아요. 사료도 먹고 과일도 좋아하는 예쁜 도마뱀입니다.

블루텅 스킨크

이 친구는 진짜 용 같아요.

카멜레온 포레스트 리자드

드디어 오늘의 주인공, 공룡을 닮은 세일핀 리자드예요.

세일핀 리자드

엄청난 사이즈의 수컷이에요.

눈 색이 정말 예쁘죠? 꼭 형광펜으로 칠해 놓은 것 같아요.

브린이를 위한 상식

세일핀 리자드는 동남아시아의 강, 맹그로브숲 등 물 근처에 서식해요. 등 밑쪽부터 꼬리까지 이어지는 볏이 매력적인 도마뱀으로, 이 볏 덕분에 수영을 굉장히 잘해요.

브르, 반가워!

가만히 있어도 공룡 포스가 느껴져요.

묵직

뒷발톱이 진짜 커요.

큼직

주로 물가 근처에 서식하며, 물갈퀴는 없지만 꼬리를 사용해서 수영을 잘해요.

길쭉

꼬리 모양으로 암수를 구별할 수 있어요. 암컷은 일자로 쭉 뻗어 있고,

암컷

수컷은 볏이 튀어나와 있어요.

수컷

다양한 색과 모습을 가진 세일핀 리자드

방금 만난 세일핀 리자드의 새끼입니다. 새끼 때는 이렇게 작은데 거대해지는 게 정말 신기해요.

귀엽지?

많이 먹고 많이 커야지!

앙증

다리가 길쭉길쭉해요. 곤충을 좋아해서 곤충을 먹이면서 키울 수 있어요.

길쭉

길쭉

마지막으로 만난 친구는 색깔이 예쁜 팬서 카멜레온입니다.

팬서 카멜레온

카멜레온은 양쪽 눈을 각각 돌려서 동시에 다른 방향을 볼 수 있어요.

나 예쁘지?

내 눈을 피할 수 없을걸?

정브르의 파충류 탐구

개나 고양이가 종마다 크기와 생김새, 성격이 모두 다른 것처럼
도마뱀도 종마다 각각 다른 특징과 능력이 있어요.

영상으로
확인해 봐요!

★정브르의 파충류 탐구★

파충류 이름 · 컬러드 리자드

목에 진한 색의 줄무늬가 있어
'목걸이 도마뱀'이라고도 해요.
위험에 처했을 때 다른 도마뱀
보다 빠른 속도로 달릴 수 있어요.
주로 바위가 많은 지역에 서식하며,
바위 사이에 숨어 지낸답니다.

· 크기: 평균 20~38cm
· 먹이: 곤충 등
· 사는 곳: 사막, 초원 등

★특이한 도마뱀들★

보통의 도마뱀보다 특이한 능력을 가진
도마뱀들이 있어요.
바실리스크 도마뱀은 꼬리로 균형을 잡으며
뒷발만 사용해서 달릴 수 있어요. 달리는 속도가
매우 빠르고 물 위에서도 달릴 수 있답니다.

목도리 도마뱀은 목에 목도리 같은 커다란 주름
장식이 달려 있어요. 위협을 당하면
이 장식을 크게 펼쳐서 몸을
커 보이게 만들어요.

바실리스크 도마뱀

목도리 도마뱀

3화
엉금엉금
거북 친구들

오늘은 거북 사육방에 놀러 왔어요!

어떤 친구들이 있을까요?

멕시칸 자이언트 머스크 터틀

이곳은 처음이지?

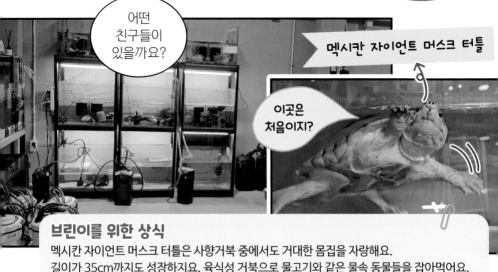

브린이를 위한 상식

멕시칸 자이언트 머스크 터틀은 사향거북 중에서도 거대한 몸집을 자랑해요.
길이가 35cm까지도 성장하지요. 육식성 거북으로 물고기와 같은 물속 동물들을 잡아먹어요.

우아, 엄청 커요.
여기서 조금 더
클 거예요.

거

대

작은 크기의 민물 복어도 있어요.

인디언 복어

브린이를 위한 상식

진흙거북(머드 터틀)은 진흙 속으로 파고드는 습성이 있고, 배에 경첩이 있어 열고 닫을 수 있어요. 사향거북(머스크 터틀)은 진흙거북과 비슷하게 생겼지만, 주로 몸집이 더 작고 등딱지가 둥근 모양이지요. 진흙거북과 사향거북 모두 위험에 처하면 몸에서 냄새를 뿜어 스스로를 보호해요.

아프리카 드워프 머드 터틀

진흙거북도 있네요.

생김새가 우리나라 남생이와 비슷해요.

남생이

사육자분이 직접 번식한 민물 복어예요.

슈테데니 복어

미국종인 레이저백 머스크 터틀이에요.

레이저백 머스크 터틀

시이테스종이어서 서류를 발급받고 키워야 합니다.

소중하게 대해 줘!

49

옐로 머드 터틀

브린이를 위한 상식

옐로 머드 터틀은 미국 중부와 멕시코에 서식하는 거북이에요. 이름처럼 목, 머리, 등갑 등이 노란색을 띠고 있어요. 진흙이나 모래가 있는 습지 주변에서 살아가요.

옐로 머드 터틀 수컷이에요.

밥 주세요!

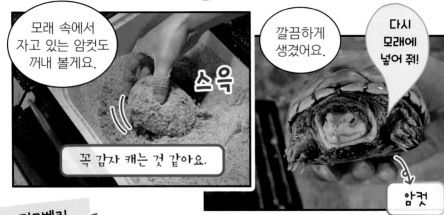

모래 속에서 자고 있는 암컷도 꺼내 볼게요.

스윽

꼭 감자 캐는 것 같아요.

깔끔하게 생겼어요.

다시 모래에 넣어 줘!

암컷

핑크벨리 사이드넥 터틀

핑크벨리는 분홍색 배가 매력 포인트예요.

브린이를 위한 상식

핑크벨리 사이드넥 터틀은 호주에 서식하는 반수생 거북이에요. 다른 반수생 거북들보다 오랜 시간을 물속에서 지내며, 가끔 햇볕을 쬐기 위해 육지로 올라와요. 일광욕을 함으로써 염증이나 여러 가지 병을 예방할 수 있지요.

50

옐로 스팟티드 터틀

수생 거북 중에서 정말 예쁜 옐로 스팟티드예요.

초롱

초롱

예뻐해 줘서 고마워!

멕시칸 자이언트 머스크 터틀의 알이에요.

수정이 안 되면 빛을 비췄을 때 투명하게 보이는데, 이 알은 안이 꽉 찼어요.

다양한*인공 파각 방식이 있는데 이 알은 완전 딱딱해서 톡톡 치는 게 편해요.

우아, 새끼 거북이 모습을 드러내고 있어요!

두근

두근

톡

톡

*인공 파각: 사람이 인위적으로 껍질을 제거해 주는 것.

51

거북들은 처음에 알이 깨져도 알에서 잘 나오려고 하지 않아요.

난황

이 친구도 난황이 달려 있는데 이 정도면 3일 안에 난황이 흡수돼서 배꼽으로 변할 거예요.

브린이를 위한 상식
난황이란 동물의 알에 있는 영양 물질이에요.
새끼가 알 속에 있으면 엄마에게서 영양분을 직접 공급받지 못하기 때문에, 부족한 영양분을 채워 줄 난황이 필요해요. 우리에게 익숙한 노른자가 바로 난황이지요.

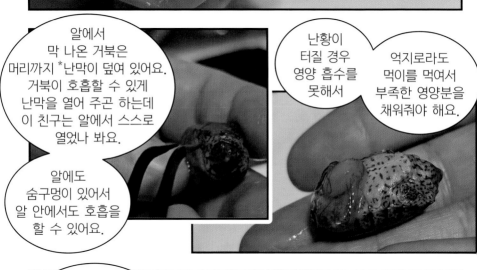

알에서 막 나온 거북은 머리까지 *난막이 덮여 있어요. 거북이 호흡할 수 있게 난막을 열어 주곤 하는데 이 친구는 알에서 스스로 열었나 봐요.

알에도 숨구멍이 있어서 알 안에서도 호흡을 할 수 있어요.

난황이 터질 경우 영양 흡수를 못해서

억지로라도 먹이를 먹여서 부족한 영양분을 채워줘야 해요.

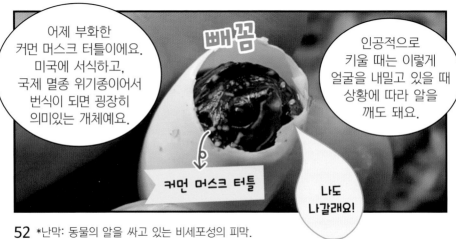

어제 부화한 커먼 머스크 터틀이에요. 미국에 서식하고, 국제 멸종 위기종이어서 번식이 되면 굉장히 의미있는 개체예요.

빼꼼

인공적으로 키울 때는 이렇게 얼굴을 내밀고 있을 때 상황에 따라 알을 깨도 돼요.

커먼 머스크 터틀

나도 나갈래요!

52 *난막: 동물의 알을 싸고 있는 비세포성의 피막.

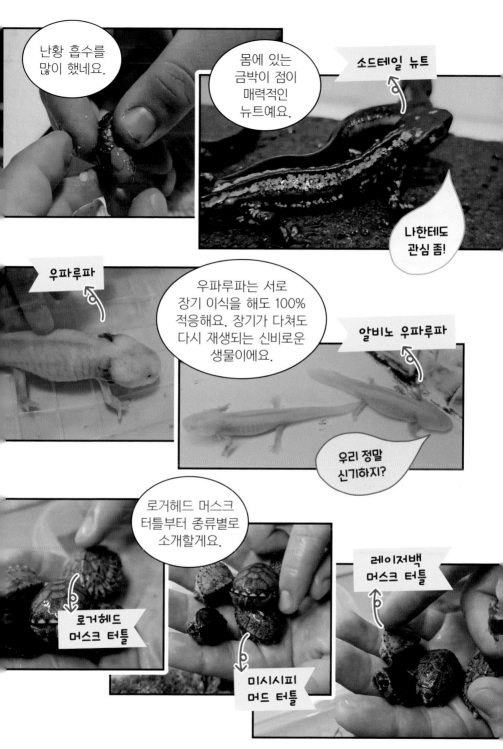

53

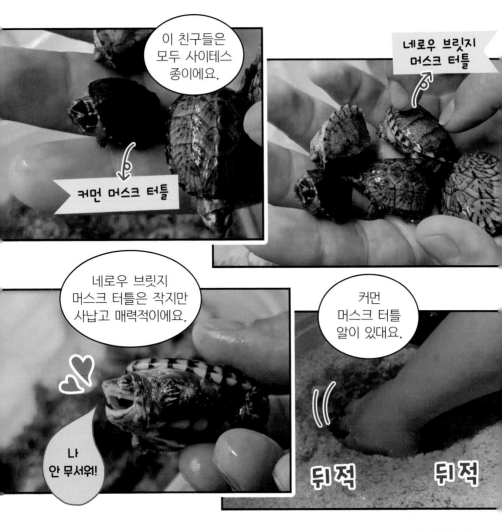

이 친구들은 모두 사이테스 종이에요.

네로우 브릿지 머스크 터틀

커먼 머스크 터틀

네로우 브릿지 머스크 터틀은 작지만 사납고 매력적이에요.

나 안 무서워!

커먼 머스크 터틀 알이 있대요.

뒤적   뒤적

커먼 머스크 터틀은 최소 2개, 많으면 4개까지도 알을 낳아요.

짜잔

국제 멸종 위기종이 증식되는 순간!

55

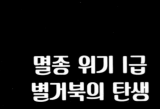

멸종 위기 I급
별거북의 탄생

오늘은 특별한 사연이 있는 친구를 만나러 갈게요!

거북만을 위한 아주 커다란 방이에요!

이곳에 어떤 친구가 살고 있을까?

인도별거북

브린이를 위한 상식

인도별거북은 등갑이 볼록하게 올라와 있고, 등갑 무늬가 아름다워요. 인도 등의 나무가 많은 밀림이나 맹그로브숲에 서식하며, 씨앗, 열매, 식물 등을 먹는 채식성 거북이에요.

안녕?

인도별거북입니다. 이번에 번식을 했다고 해요.

인도별거북은 국제 멸종 위기 동물 1급으로, 기존에 사육하시던 분들을 제외하고는 키우기가 힘들어요.

잘 먹으면서 산후조리 하고 있네요.

오늘의 주인공인 아기 인도별거북이에요.

앙 쭝

우린 쌍둥이야!

보통 거북은 알 하나에서 한 마리가 태어나는데, 이번에 두 마리가 태어났어요.

사육자분이 찍어 놓은 사진을 자세히 보면 얼굴이 두 개예요.

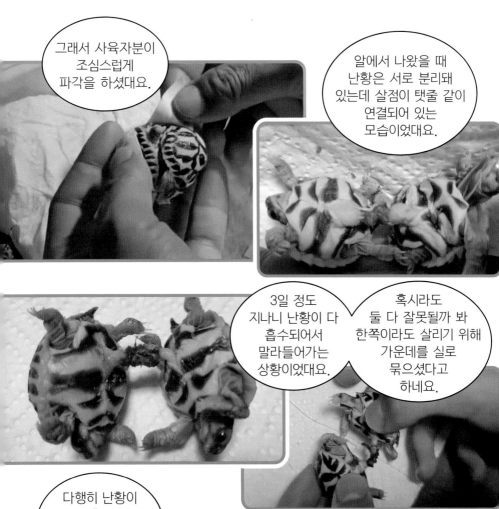

그래서 사육자분이 조심스럽게 파각을 하셨대요.

알에서 나왔을 때 난황은 서로 분리돼 있는데 살점이 탯줄 같이 연결되어 있는 모습이었대요.

3일 정도 지나니 난황이 다 흡수되어서 말라들어가는 상황이었대요.

혹시라도 둘 다 잘못될까 봐 한쪽이라도 살리기 위해 가운데를 실로 묶으셨다고 하네요.

다행히 난황이 제대로 흡수되었고, 지금은 건강하게 자라는 중이에요.

더 커질거야!

난황을 흡수한 뒤에는 배꼽에 때 같은 게 남아요.

배꼽이 완전히 아물면 떨어져요. 이 친구는 배가 거의 다 닫혔는데 찌꺼기는 아직 안 들어갔네요.

이 친구들은
두 마리가 한번에 태어나서
보통의 인도별거북보다
더 작게 나왔어요.

도와줘서
고마워!

건강하게 무럭무럭 자라렴~

인도별거북
암컷 성체예요.
쌍둥이 거북이 크면
이렇게 됩니다.

국제 멸종 위기
동물 1급이기 때문에
번식이 굉장히 큰
의미가 있어요.

암컷

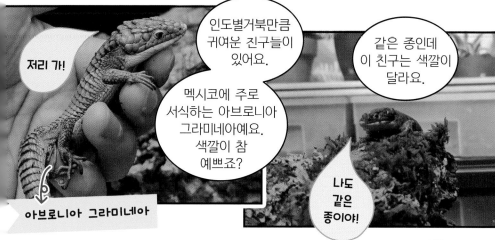

저리 가!

인도별거북만큼
귀여운 친구들이
있어요.

멕시코에 주로
서식하는 아브로니아
그라미네아예요.
색깔이 참
예쁘죠?

같은 종인데
이 친구는 색깔이
달라요.

나도
같은
종이야!

아브로니아 그라미네아

59

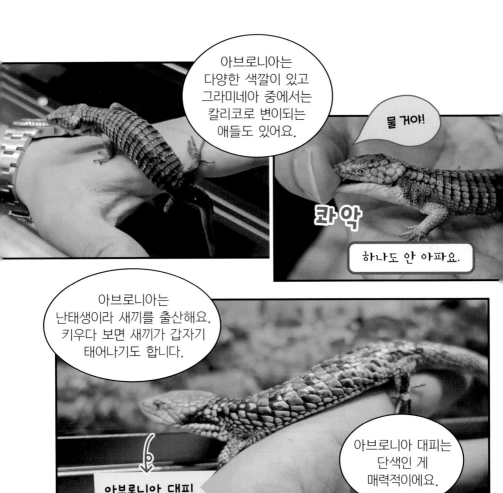

아브로니아는 다양한 색깔이 있고 그라미네아 중에서는 칼리코로 변이되는 애들도 있어요.

물 거야!

콰악

하나도 안 아파요.

아브로니아는 난태생이라 새끼를 출산해요. 키우다 보면 새끼가 갑자기 태어나기도 합니다.

아브로니아 대피

아브로니아 대피는 단색인 게 매력적이에요.

귀여운 친구들이 또 있어요.

브린이를 위한 상식

자이언트 혼 리자드는 멕시코에 서식하는 도마뱀으로, 뿔도마뱀 중에서 큰 몸집을 자랑해요. 머리, 팔, 꼬리를 흔들면서 다른 도마뱀과 대화하는 사교적인 동물이에요.

멕시칸 자이언트 혼 리자드

특이하게 천적을 만나면 방어하기 위해 눈에서 피를 뿜는다고 해요.

사막에 서식하는 건기형 도마뱀인데, 정말 귀엽죠?

더 자라면 이렇게 묵직해져요. 공룡 같기도 한데, 경계하지 않을 때 만지면 가시가 안 아파요.

브린이를 위한 상식

우리나라에서 공비단뱀이라고 불리는 볼 파이톤은 최대 180cm까지 자라는 거대한 뱀이에요. 주로 아프리카의 초원, 넓은 숲에서 살아가며, 위험을 느끼면 몸을 공처럼 돌돌 마는 습성이 있어요.

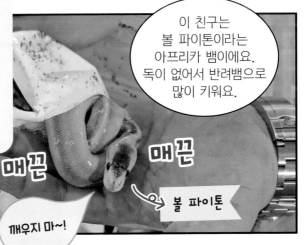

이 친구는 볼 파이톤이라는 아프리카 뱀이에요. 독이 없어서 반려뱀으로 많이 키워요.

매끈

매끈

볼 파이톤

깨우지 마~!

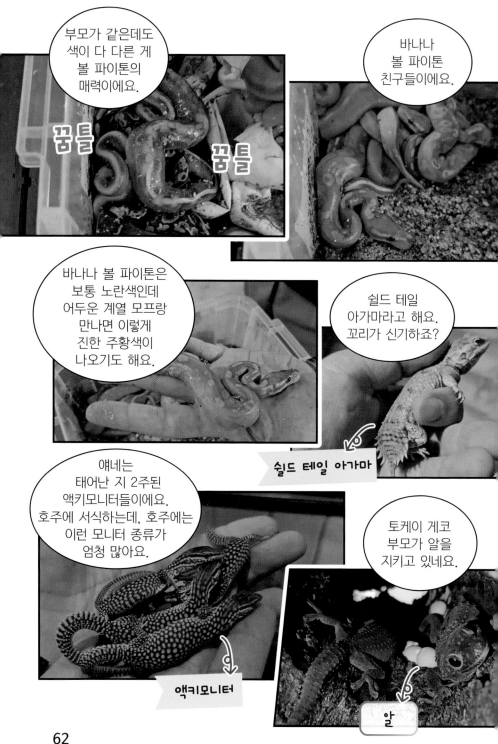

62

정브르의 파충류 탐구

거북은 단단한 등딱지가 있는 파충류예요.
육지와 바다에 서식하며, 두 곳을 오가며 생활하기도 해요.

영상으로
확인해 봐요! ▶

★정브르의 파충류 탐구★

파충류 이름: 돼지코거북

코가 돼지 코를 닮은 특이한
생김새의 거북이에요.
하천, 강 등에 서식하며,
노 모양의 앞다리로 헤엄쳐요.
사이테스 2급으로 지정되었어요.

· 크기: 평균 50cm
· 먹이: 수생 식물, 열매, 갑각류 등
· 사는 곳: 하천, 강 등

★육지거북과 바다거북의 차이★

아프리카 가시거북

거북은 크게 육지거북과 바다거북으로 나눌 수
있어요. 육지거북과 바다거북의 가장 큰 차이점은
몸의 생김새예요.

바다거북은 바다에서 헤엄치기 편하도록 다리가
지느러미처럼 생겼어요. 또한 몸이 육지거북보다
날씬하고 물고기처럼 곡선 형태예요. 바다거북과
달리 육지거북은 머리와 다리를 등딱지 안으로
넣을 수 있어요.

바다거북

4화
반전 매력의
카이만 도마뱀

저와 가족이 될 친구를 만나러 가요!

남미에서 온 친구예요.

반가워!

아브로니아 리스로칠라

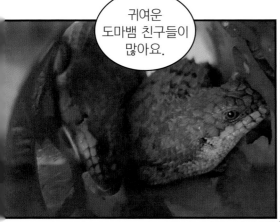

귀여운 도마뱀 친구들이 많아요.

컬러드 리자드 아우리셉은 멕시코에 서식하는 도마뱀이에요.

컬러드 리자드 아우리셉

브린이를 위한 상식
카이만 도마뱀은 남아메리카의 열대우림, 늪지대 등에서 서식하는 반수생 도마뱀이에요.
악어와 비슷하게 꼬리가 길고 납작하며, 수영을 정말 잘해요.
그래서 물에 있는 모습을 보고 악어로 자주 오해받기도 하지요.

제가 진짜 악어인 드워프 카이만을 키우고 있는데, 악어의 생김새를 가진 도마뱀이라고 보시면 돼요.

꼬리가 드워프 카이만처럼 생겼어요.

등

꼬리

날 소중히 대해 줘!

최대 1.2m까지 성장하는데, 다 자라면 드워프 카이만이랑 크기가 비슷해요. 악어와 닮았지만 성격은 온순한 반전 매력의 친구예요.

멸종 위기 동물 2급이라서 환경청에 신고하고 서류를 발급받아야 키울 수 있어요.

바바투스는 엄청 잘 먹어서 초보자 분들이 키우기 좋은 도마뱀이에요.

근데 좀 억울하게 생겼네요.

내 얼굴이 어때서….

바바투스

억울

67

브린이를 위한 상식

알몬드잎은 아몬드 나무에서 자라는 나뭇잎이에요. 물의 수소이온 농도(pH)를 낮춰 물을 정화시켜 주는 효과가 있어서 주로 어항에 넣어 사용해요.

69

이빨이 반들반들하게 생겼는데 단단한 껍질도 부술 수 있어요.

먹이로 우렁이를 줘 볼게요.

쿵쿵

단단한 먹이도 잘 먹지만 손질해서 주는 게 좋아요.

냠냠

사육할 때는 큰 사육장에 흐르는 물을 계속 청결하게 유지해 주세요.

청소를 열심히 하거나 여과기를 틀어 주면 됩니다.

잘 부탁해!

파라과이 카이만 리자드는 색이나 형태가 조금 다르지만,

노던 카이만 리자드와 친척 정도라고 볼 수 있어요.

파라과이 카이만 리자드

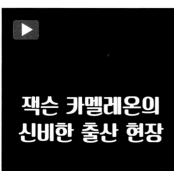

잭슨 카멜레온의
신비한 출산 현장

난태생인 잭슨 카멜레온이 새끼를 낳았대요!

너무 힘들어!

잭슨 카멜레온이에요. 공룡 트리케라톱스처럼 뿔이 나 있어요.

지금 탈수기가 있어서 눈이 살짝 들어가 있는데 힘들어 보여서 걱정되네요.

잭슨 카멜레온

출산 중인 잭슨 카멜레온

이게 뭐지?

스윽

모르고 지나쳤는데 새끼 카멜레온이었어요! 아직 태막에 싸여 있네요.

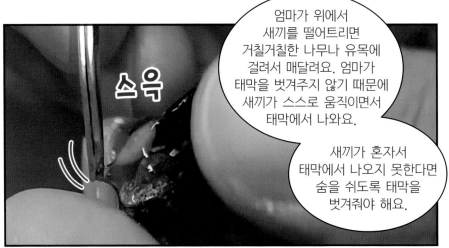

엄마가 위에서 새끼를 떨어트리면 거칠거칠한 나무나 유목에 걸려서 매달려요. 엄마가 태막을 벗겨주지 않기 때문에 새끼가 스스로 움직이면서 태막에서 나와요.

새끼가 혼자서 태막에서 나오지 못한다면 숨을 쉬도록 태막을 벗겨줘야 해요.

스윽

숨을 쉬고 움직이기 시작하네요.

반가워!

저를 쳐다보는 게 너무 귀여워요.

고마워!

끄응!

엄마가 위에서 계속 출산을 하고 있어요.

오, 방금 또 낳았어요!

슈웅

다행히 새끼가 나뭇잎 위에 떨어졌어요.

이 친구는 엄마한테 깔리기 전에 구해줄게요.

스윽

찐득

태막은 접착력이 굉장히 좋아요.

스스로 태막에서 잘ㅣ나오고 있습니다.

꿈틀

꿈틀

곧 나갈게!

난황도 있어요.

난황

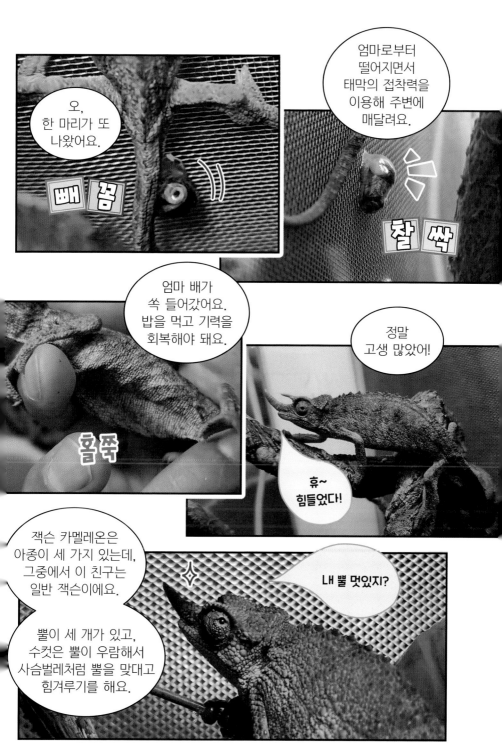

움직이고 있는 잭슨 카멜레온 새끼들

무럭무럭 자라렴~!

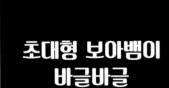

初대형 보아뱀이
바글바글

어마어마한
뱀 친구들을
만나러 갈게요!

브린이를 위한 상식

보아는 보아과에 속하는 뱀을
뜻하며, 독이 없어요.
대부분이 아메리카
대륙에 서식하며, 습한
열대우림부터 건조한 사막
지역까지 널리 분포하고 있어요.
무리를 지어 다니지 않고
혼자 살면서 번식 시기에만 다른
뱀과 교류하는 편이에요.

가이아나
레드테일 보아

가이아나
레드테일 보아는
보아뱀 중에서 제일
큰 뱀이에요.

점이 동글동글하고
발색이 화려해요.
꼭 표범 무늬 같죠?

오, 귀여운
개구리도
있어요.

라임
스트로베리

여긴
뱀 천국이야!

이 친구는
소노란 레드테일
보아예요.

무늬에
무지개 색깔이 보여요.
검은색이 강해서
이렇게 무지개 빛이
나타나요.

소노란
레드테일 보아

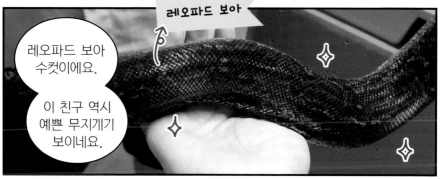

레오파드 보아

레오파드 보아
수컷이에요.

이 친구 역시
예쁜 무지개기
보이네요.

드워프 보아는
보아뱀 중에서
제일 작아요.

브린이를 위한 상식

드워프 보아는 평균 길이가
30~60cm 정도로,
보아뱀 중에서 작은 편에 속해요.
뿔도마뱀처럼 위험을 느끼면
눈, 입 등에서 피를 뿜으며
방어하는 특이한 습성이 있어요.

드워프 보아

색깔이 예쁘기로 유명한 친구예요.

실제로 보니까 정말 예쁘네요.

내가 좀 예뻐!

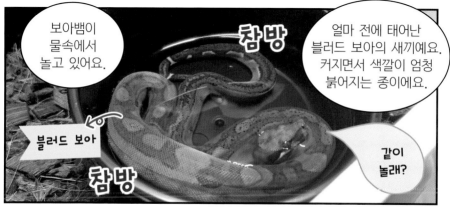

보아뱀이 물속에서 놀고 있어요.

참방

얼마 전에 태어난 블러드 보아의 새끼예요. 커지면서 색깔이 엄청 붉어지는 종이에요.

블러드 보아

참방

같이 놀래?

아직 어린 친구인데도 갈색과 붉은색이 섞인 느낌이죠?

내 색깔이 제일 예쁘지?

정브르의 파충류 탐구

카멜레온은 도마뱀에 속하는 파충류예요.
양쪽 눈을 각각 360도 회전하거나 몸의 색을 바꿀 수 있어요.

영상으로
확인해 봐요! ▶

★정브르의 파충류 탐구★

파충류 이름: 베일드 카멜레온

건조하고 더운 지역에 서식하며, 주로 나무 위에서 생활해요. 투구나 베일을 쓴 것 같은 생김새 때문에 '베일드 카멜레온'이라고 불러요. 알을 낳아 모래에 묻는 방식으로 번식해요.

· 크기: 암컷 약 30cm, 수컷 약 40cm 이상
· 먹이: 곤충 등
· 사는 곳: 건조한 고원지대

★카멜레온 몸 색깔의 비밀★

카멜레온은 주변 환경에 따라 몸 색깔을 바꾸는 동물로 유명해요. 하지만 실제 카멜레온의 피부색은 우리 눈에 보이는 것과 달라요.

카멜레온의 피부에는 반사판 역할을 하는 '홍색 소포'가 있어요. 카멜레온이 피부를 수축하거나 이완시키면서 이 반사판의 각도를 조절하면 우리 눈에는 피부색이 바뀐 것처럼 보이는 거지요.

표범 카멜레온 ↘

늘어진 목 카멜레온 ↗

5화
동물사육과에서 만난 파충류 친구들

동물사육과를 탐방하러 왔어요!

브르, 안녕?

그린 바실리스크가 반겨주네요.

와, 이 친구는 엄청 커요.

꿈틀

꿈틀

그린 바실리스크

알비노 레틱 파이톤도 있어요.

알비노 레틱 파이톤

길쭉

같이 놀자!

우아, 정말 멋져요.

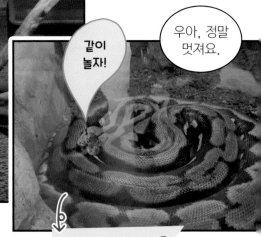

타이거 레틱 파이톤

즐거운 시간 보내!

카리스마 넘치는 비어디 드래곤이에요!

나 멋있지?

비어디 드래곤

일광욕 중인 비어디 드래곤은 사육사님 어깨에 딱 붙어 있네요.

찰싹

등이 굉장히 독특하게 생겼어요.

알비노 버미즈예요. 아나콘다가 생각날 정도로 큰 친구입니다.

브린이를 위한 상식

'버마 비단뱀'이라고도 불리는 버미즈 파이톤은 동남아시아에 서식하는 뱀이에요. 비단뱀 중에서 몸집이 거대하며, 5~6m까지도 자라요. 물을 좋아하고 수영을 잘하는 뱀답게 습지, 계곡 등에서 살아가요.

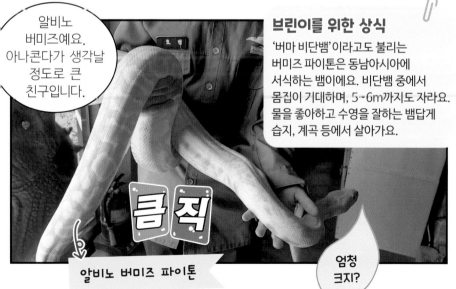

큼직

알비노 버미즈 파이톤

엄청 크지?

브린이를 위한 상식

2m 넘게 자라는 오네이트 모니터는 아프리카에 서식해요. 나일 모니터와 비슷하게 생겼지만, 나일 모니터보다 체구가 거대하지요. 어두운 몸에 동그란 모양의 밝은 줄무늬가 몸부터 꼬리까지 퍼져 있어요.

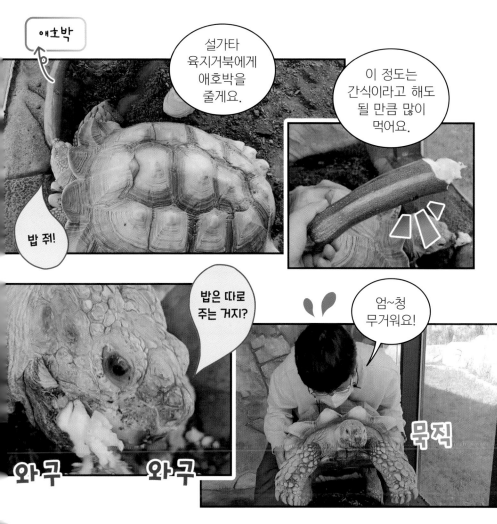

브린이를 위한 상식

설가타는 육지거북 중에서
3번째로 거대한 거북으로, 최대 길이
1m, 최대 체중 120kg까지 자라요.
아프리카에 서식하며, 사하라 사막 등
사막이나 강이 있는 지역에서
살아가요. 더운 낮에는 굴을 파고
시원한 굴 속에서 시간을 보내지요.

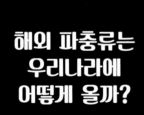

해외 파충류는 우리나라에 어떻게 올까?

이곳에 해외에서 온 다양한 친구들이 살고 있어요!

방사거북은 멸종 위기 동물 1급이라 마음대로 키울 수 없어요.

하지만 자연에서 자란 게 아니라 FB(farm bred)라고 하는 농장에서 번식한 개체는 사육이나 분양이 가능해요.

방사거북

반가워!

자이언트 세일핀 리자드

자이언트 세일핀은 세일핀 리자드 중에서 가장 커지는 친구예요.

색이 예쁜 그린 트리 파이톤이에요.

그린 트리 파이톤

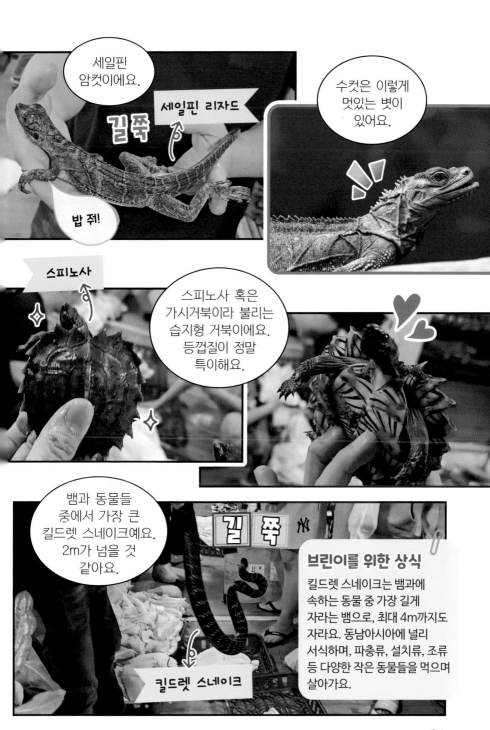

브린이를 위한 상식

킬드렛 스네이크는 뱀과에 속하는 동물 중 가장 길게 자라는 뱀으로, 최대 4m까지도 자라요. 동남아시아에 널리 서식하며, 파충류, 설치류, 조류 등 다양한 작은 동물들을 먹으며 살아가요.

안전하게 한국에 오는 친구들

도착하면 준비해 놓은 큰 사육장에 먹이와 물을 넣고 며칠간 푹 쉬게 해줍니다.

크로커다일 모니터

쉬는 중이야~.

블러드 파이톤이에요. 레드와 블랙이 있는데, 수마트라 지역에서 수입된 개체는 주로 블랙이에요.

블러드 파이톤

보르네오 지역에 사는 개체는 이런 갈색이에요. 다 커도 2m가 넘지 않는 귀여운 친구입니다.

레드아이 아머드 스킨크

레드아이 아머드 스킨크는 어릴 때는 눈 주변이 빨갛지 않은데 성장하면서 점점 빨개져요.

내 눈 예쁘지?

93

먼 거리를 이동해서 우리나라에 오자마자 죽는 경우도 있기 때문에 적응할 시간을 충분히 주면서 안전하게 분양하고 있어요.

그래서 우리나라에 온 지 1~2주가 넘은 친구들을 입양하는 게 좋아요.

옹기종기 모여 있는 레드아이 친구들

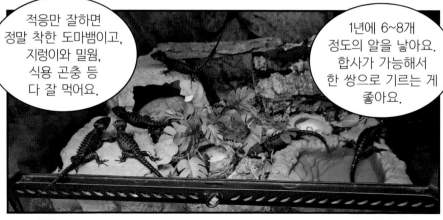

적응만 잘하면 정말 착한 도마뱀이고, 지렁이와 밀웜, 식용 곤충 등 다 잘 먹어요.

1년에 6~8개 정도의 알을 낳아요. 합사가 가능해서 한 쌍으로 기르는 게 좋아요.

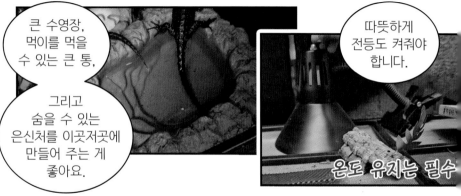

큰 수영장, 먹이를 먹을 수 있는 큰 통,

그리고 숨을 수 있는 은신처를 이곳저곳에 만들어 주는 게 좋아요.

따뜻하게 전등도 켜줘야 합니다.

온도 유지는 필수

94

브린이를 위한 상식

플라잉 게코는 높은 곳에서 활강할 수 있는 능력을 가진 특이한 도마뱀이에요. 몸 옆쪽에 붙어 있는 늘어난 피부막이 펄럭이면서 안전하게 착지할 수 있도록 도와주지요. 나무껍질과 색이 비슷해서 나무로 위장하기도 해요.

플라잉 게코

꼬리랑 발바닥이 넓적한 게코예요.

옆구리의 늘어난 피부막을 펴서 활강할 수 있어요.

해외 각 지역의 헌터들이 채집하거나 본인이 키우고 있는 동물들을 농장에 보내요. 그러면 농장에서 건강하게 사육되던 동물들이 수입 절차를 거치고 우리나라에 오게 됩니다.

합법적으로 들어오고 있는 친구들

피치스롯 모니터

피치스롯 모니터라는 도마뱀이에요.

몸에 많은 점이 있어요.

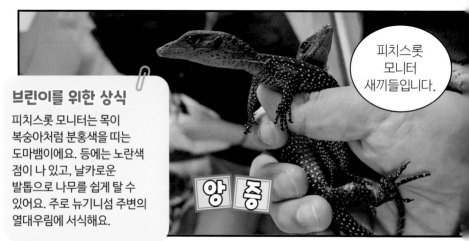

피치스롯 모니터 새끼들입니다.

양 충

브린이를 위한 상식

피치스롯 모니터는 목이 복숭아처럼 분홍색을 띠는 도마뱀이에요. 등에는 노란색 점이 나 있고, 날카로운 발톱으로 나무를 쉽게 탈 수 있어요. 주로 뉴기니섬 주변의 열대우림에 서식해요.

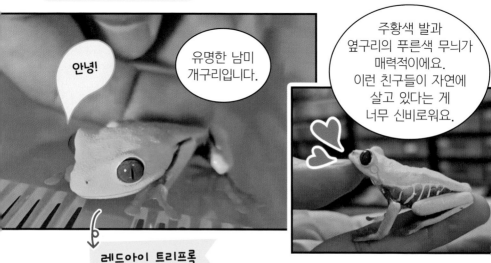

안녕!

유명한 남미 개구리입니다.

주황색 발과 옆구리의 푸른색 무늬가 매력적이에요. 이런 친구들이 자연에 살고 있다는 게 너무 신비로워요.

레드아이 트리프록

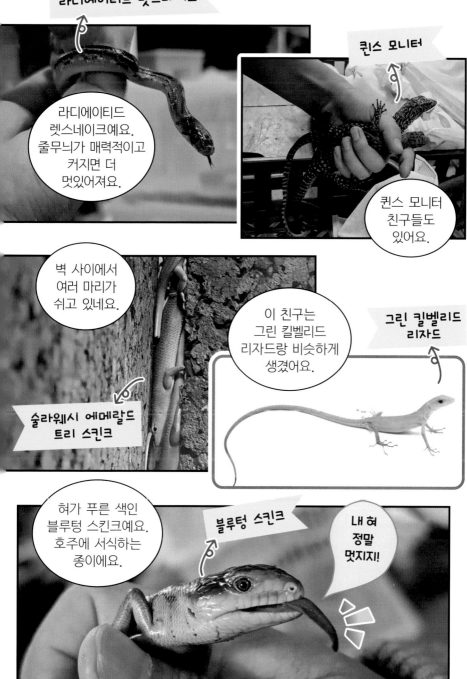

라디에이티드 렛스네이크

라디에이티드
렛스네이크예요.
줄무늬가 매력적이고
커지면 더
멋있어져요.

퀸스 모니터

퀸스 모니터
친구들도
있어요.

벽 사이에서
여러 마리가
쉬고 있네요.

이 친구는
그린 킬벨리드
리자드랑 비슷하게
생겼어요.

그린 킬벨리드
리자드

술라웨시 에메랄드
트리 스킨크

혀가 푸른 색인
블루텅 스킨크예요.
호주에 서식하는
종이에요.

블루텅 스킨크

내 혀
정말
멋지지!

97

밥 주세요!

뱀목거북

억울해 보이는 표정이 귀여운 납테일 게코예요.

싱크투스 납테일 게코

필바렌시스 납테일 게코

필바렌시스라는 친구예요.

등에 있는 가시가 멋진 아스퍼예요. 특유의 포스가 느껴져요.

아스퍼 납테일 게코

이 친구는 알비노예요. 색이 참 오묘하죠?

발색이 화려한 틱테일 게코예요. 자연에는 정말 매력적인 친구들이 많이 살고 있죠?

알비노 납테일 게코

틱테일 게코

특이하게 생긴 파충류의 정체는?

오늘 만날 엄청난 친구는 누구일까요?

엄청 큰 아나콘다예요! 아마존 물가에서 서식해서 우리나라에서는 만나기 힘든 친구죠.

밥이다!

스윽

먹이

아나콘다

순식간에 먹이를 받아 먹었어요.

좌앗

우아!

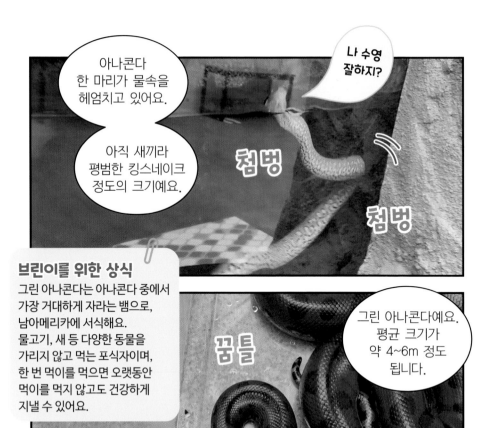

아나콘다 한 마리가 물속을 헤엄치고 있어요.

나 수영 잘하지?

아직 새끼라 평범한 킹스네이크 정도의 크기예요.

첨벙

첨벙

브린이를 위한 상식
그린 아나콘다는 아나콘다 중에서 가장 거대하게 자라는 뱀으로, 남아메리카에 서식해요. 물고기, 새 등 다양한 동물을 가리지 않고 먹는 포식자이며, 한 번 먹이를 먹으면 오랫동안 먹이를 먹지 않고도 건강하게 지낼 수 있어요.

꿈틀

그린 아나콘다예요. 평균 크기가 약 4~6m 정도 됩니다.

꿈틀

그린 아나콘다

얼굴이 정말 무섭게 생겼어요.

살벌

내 얼굴이 어때서!

자연광을 받으니까 예쁜 무지개색이 나타나네요.

예쁘게 나타난 무지개

아마존에서 만나면 생각보다 순한 편이에요.

사람을 공격하는 보아뱀과 달리 아나콘다는 사슴 등의 동물을 1년에 한두 미리 잡아먹을 뿐 사람을 공격하지는 않아요.

생각보다 온순하다고!

와, 저기 악어가 있어요.

이거 봐!

모습을 드러냈어요!

브린이를 위한 상식

가비알은 인도, 파키스탄 등의 강에서 서식하는 악어로, 다른 악어들보다 주둥이가 가늘고 긴 게 특징이에요. 육지에서 움직일 때는 배를 땅에 붙이고 기어다녀요. 물고기와 같은 수생동물을 잡아먹으며 살아가요.

수컷은 나중에 코 부분이 혹처럼 부풀어 올라요. 악어 중에서 유일하게 암수를 외형으로 구분할 수 있는 종이에요.

발톱은 하얀색이에요.

몸이 물고기 사냥에 적합하게 진화했어요. 성체는 평균 2m 정도 됩니다.

이 친구는 갈라파고스에 사는 육지 이구아나 새끼예요.

육지 이구아나

안녕?

브린이를 위한 상식

갈라파고스 제도에 서식하는 육지 이구아나는 몸집이 거대하지만, 주로 초식을 하는 동물이에요. 수분이 많은 선인장, 과일 등을 먹지요. 개체 수가 감소하여 사이테스 2급으로 보호받고 있어요.

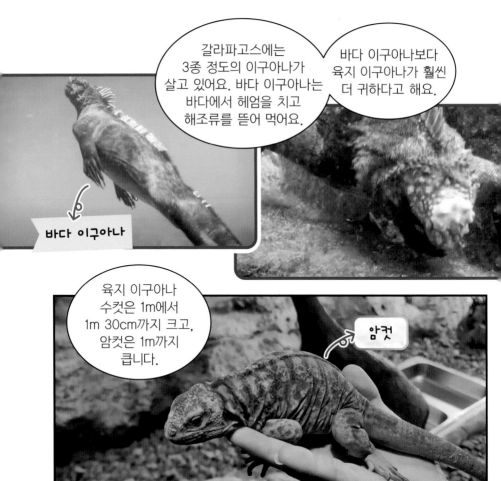

갈라파고스에는 3종 정도의 이구아나가 살고 있어요. 바다 이구아나는 바다에서 헤엄을 치고 해조류를 뜯어 먹어요.

바다 이구아나보다 육지 이구아나가 훨씬 더 귀하다고 해요.

바다 이구아나

육지 이구아나 수컷은 1m에서 1m 30cm까지 크고, 암컷은 1m까지 큽니다.

암컷

이구아나는 주식으로 선인장을 먹어요. 신기하죠?

방금 만난 육지 이구아나가 다 컸을 때 모습이에요.

특이하게 생긴 파충류 친구들을 만나서 즐거웠어요!

선인장

정브르의 파충류 탐구

뱀은 팔, 다리 없이 몸으로 기어다니는 파충류예요.
다른 파충류보다 몸이 유독 가늘고 길어요.

영상으로
확인해 봐요!

★정브르의 파충류 탐구★

파충류 이름: 타이거 레틱파이톤

레틱파이톤 중에서 호랑이처럼
멋있는 무늬를 가진 비단뱀이에요.
주로 강, 호수가 있는 열대우림에
서식하며, 커다란 사냥감도 손쉽게
잡아먹어요.

· 크기: 평균 5~7m
· 먹이: 포유류, 조류 등
· 사는 곳: 열대우림

★뱀이 혀를 날름거리는 이유★

뱀이 혀를 자주 날름거리는 이유는 입 안에 냄새를
맡을 수 있는 후각 보조 기관이 있기 때문이에요.
뱀은 주변의 물질을 혀에 묻힌 뒤, 후각 보조 기관인
'야콥슨 기관'에 전달해서 냄새를 알아내요.
코 외에도 냄새를 맡을 수 있는 방법이 있는 거지요.

뱀의 혀 끝이 두 갈래로 나뉜 것도 냄새를 잘 맡기
위해서예요. 오른쪽과 왼쪽의 냄새를 감지해서
방향을 구분하고 위험을 피한답니다.

비단뱀

회색고리왕뱀

브르의 별별 양서류 탐구 노트

양서류란?

양서류란 육지와 물에서 모두 생활할 수 있는 동물을 말해요.
개구리, 두꺼비가 대표적인 양서류이지요. 양서류는 대부분 어릴 때
물속에서 아가미로 호흡하고, 성장하면서 땅 위로 올라와 폐 호흡을
시작해요. 그리고 폐 호흡으로 부족한 호흡량은 피부 호흡으로
채우지요. 개구리와 같은 양서류는 끈적끈적한 점액이 피부를 덮고
있어서 산소를 흡수하고 피부로 호흡할 수 있어요. 피부의 점액으로
수분이 증발되는 것을 막고, 피부를 촉촉하게 유지한답니다.

양서류와 파충류의 차이

양서류와 파충류는 호흡법이 달라요. 양서류는 폐 호흡과 피부 호흡을
모두 할 수 있지만, 파충류는 대부분 피부로 호흡할 수 없지요.
또한 양서류는 피부가 매끈하고 촉촉하지만, 파충류의 피부는 딱딱한
껍질이나 비늘로 덮여 있어요.
대부분의 양서류와 파충류가 알을 낳지만, 번식 방법에도 차이가 있어
요. 양서류는 물속이나 물 주변에서 말랑말랑한 알을 낳고,
파충류는 땅 위에서 껍질이 단단한 알을 낳아요.

별별 양서류 상식

무당개구리는 우리나라와 중국, 러시아 등에 서식해요. 등은 초록색, 배는 빨간색이며, 알록달록한 몸 색깔이 무당 옷과 닮아서 '무당개구리'라고 불러요. 위협을 받으면 피부에서 약한 독을 분비해요.

양서류 이름: 무당개구리

양서류 이름: 불도롱뇽

유럽 지역에 서식하는 불도롱뇽은 머리와 등 주변에 있는 독샘에서 독을 분비할 수 있어요. 눈에 띄는 노란색 무늬는 천적으로부터 스스로를 보호하는 역할을 해요.

'우파루파'라는 이름으로 널리 알려진 아홀로틀은 도롱뇽에 속해요. 특이하게 대부분의 도롱뇽과 다르게 성체가 된 후에도 겉아가미가 사라지지 않고 남아있어요. 아홀로틀은 물속에서만 생활하는 수생동물이에요.

양서류 이름: 아홀로틀

6화
정글에는 어떤 개구리가 살까?

수리남 정글에는 어떤 생물들이 살까요?

수리남에는 자이언트 왁시몽키 트리프록, 슈퍼 타이거렉 몽키프록, 일반 타이거렉 몽키프록, 밀키프록,

수리남 팩맨, 유리 개구리 등 다양한 개구리들이 서식하고 있습니다.

자이언트 왁시몽키 트리프록은 '빠압'하는 소리를 내면 높은 나무에 있다가 사람이 낸 소리를 따라해요. 그러면 그 소리를 추적해서 채집하죠.

여치를 닮은 곤충이 있는데, 성체가 되기 직전인 것 같아요.

환영해!

수리남 정글 속으로!

이런 웅덩이마다 개구리가 엄청 많아요.

개구리들은 알에서 올챙이가 되는 변태 시기가 짧기 때문에 자주 새로운 개구리가 와서 산란합니다.

자연 속 거대한 산란장

정글 야생에는 케인토드라는 친구들이 있고

닭고기 맛이 나서 식용으로 사용하는 치킨 프록도 있어요.

치킨 프록

케인토드

타이거렉 몽키프록 같은 개구리들은 손을 굉장히 잘 쓰기 때문에 넝쿨을 타고 높은 곳에 올라가서 자리를 잡고 낮에는 일광욕을 해요.

그래서 다양한 파충류, 양서류를 키울 때 넝쿨을 많이 사용하죠.

넝쿨

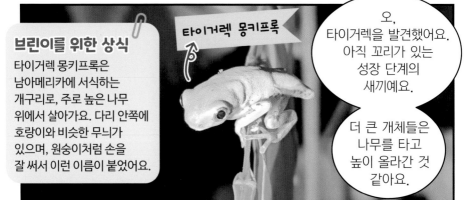

브린이를 위한 상식

타이거렉 몽키프록은 남아메리카에 서식하는 개구리로, 주로 높은 나무 위에서 살아가요. 다리 안쪽에 호랑이와 비슷한 무늬가 있으며, 원숭이처럼 손을 잘 써서 이런 이름이 붙었어요.

타이거렉 몽키프록

오, 타이거렉을 발견했어요. 아직 꼬리가 있는 성장 단계의 새끼예요.

더 큰 개체들은 나무를 타고 높이 올라간 것 같아요.

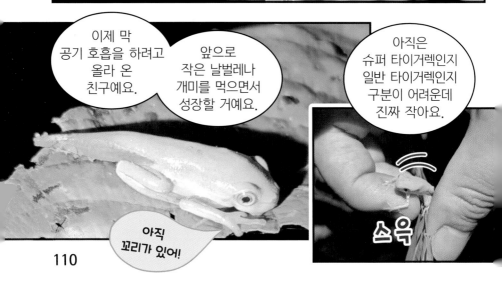

이제 막 공기 호흡을 하려고 올라 온 친구예요.

앞으로 작은 날벌레나 개미를 먹으면서 성장할 거예요.

아직은 슈퍼 타이거렉인지 일반 타이거렉인지 구분이 어려운데 진짜 작아요.

아직 꼬리가 있어!

쓰윽

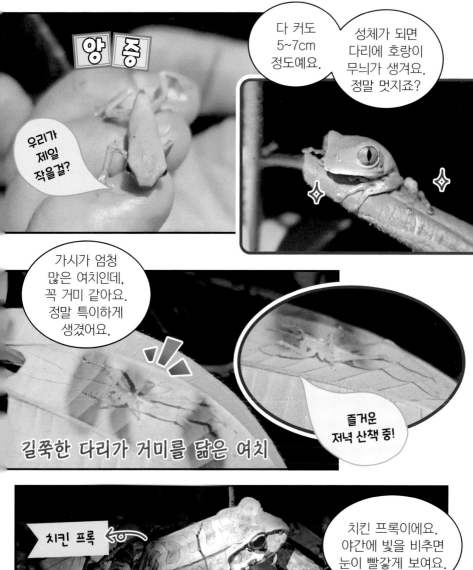

길쭉한 다리가 거미를 닮은 여치

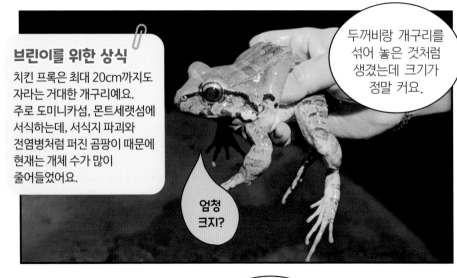

브린이를 위한 상식

치킨 프록은 최대 20cm까지도 자라는 거대한 개구리예요. 주로 도미니카섬, 몬트세랫섬에 서식하는데, 서식지 파괴와 전염병처럼 퍼진 곰팡이 때문에 현재는 개체 수가 많이 줄어들었어요.

두꺼비랑 개구리를 섞어 놓은 것처럼 생겼는데 크기가 정말 커요.

엄청 크지?

자이언트 왁시몽키 트리프록의 새끼예요. 아직 뒷다리만 나와 있어요.

정말 번식에 성공하기 힘든 종이에요.

반가워!

어린 개체의 자이언트 왁시몽키 트리프록도 있네요.

너무 귀엽죠?

나랑 놀자!

스킨답서스라는 식물인데 수분을 많이 필요로 하지 않아요. 다 크면 사람 손만큼 커집니다.

스킨답서스

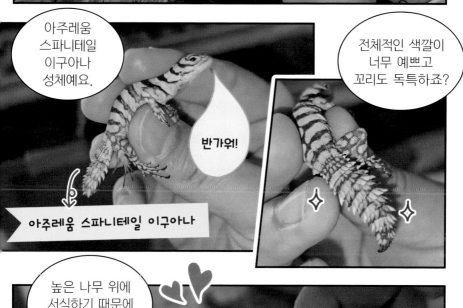

아주레움 스파니테일 이구아나 성체예요.

반가위!

전체적인 색깔이 너무 예쁘고 꼬리도 독특하죠?

아주레움 스파니테일 이구아나

높은 나무 위에 서식하기 때문에 만나기 힘들어요.

다 큰 크기인데도 너무 귀엽네요.

귀 욤

자연 그대로의 사육장에서 생물을 기르니까 번식도 잘 되고 개체들도 엄청 건강해요.

자연이 좋아~.

거북이가 여기저기에 알을 낳아 놨네요.

알

우리나라 줄장지뱀과 비슷한 이 친구는 정글에 많이 서식해요. 정말 빨라서 트랩이나 먹이로 유인해야만 잡을 수 있어요.

잡을 수 있으면 잡아 봐!

육지거북 새끼들도 있어요.

육지거북

이곳이 정말 좋아!

114

신비한
피파피파
개구리 채집

피파피파 개구리는
수리남에만 서식하는
개구리예요.

*완수생 개구리라서
이런 강바닥에서
수서곤충이나 작은
물고기를 잡아먹으면서
살아가요.

이 친구들은
굉장히 독특하게
등에서 새끼를
출산해요.

피파피파 개구리를
채집하기 전에
다양한 친구들을
만났어요.

작고 길쭉한
물고기예요.

양 중

너무
귀여워요.

안녕~!

꿈틀

꿈틀

완수생: 물속에서만 생활함.

115

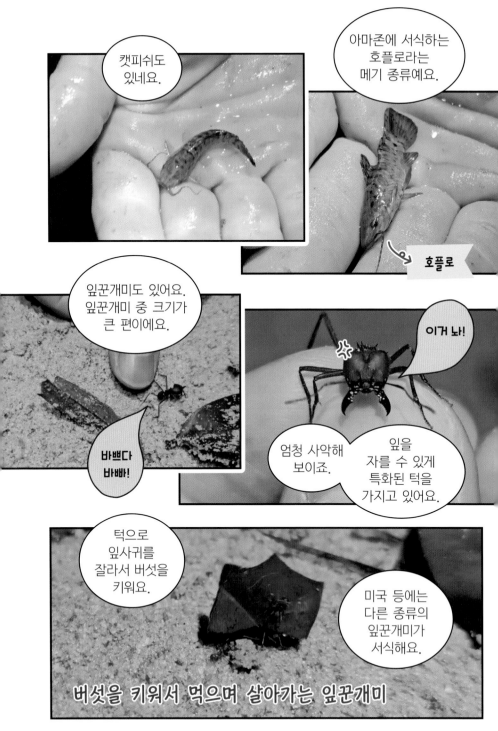

독특하게 생긴 생물 발견!

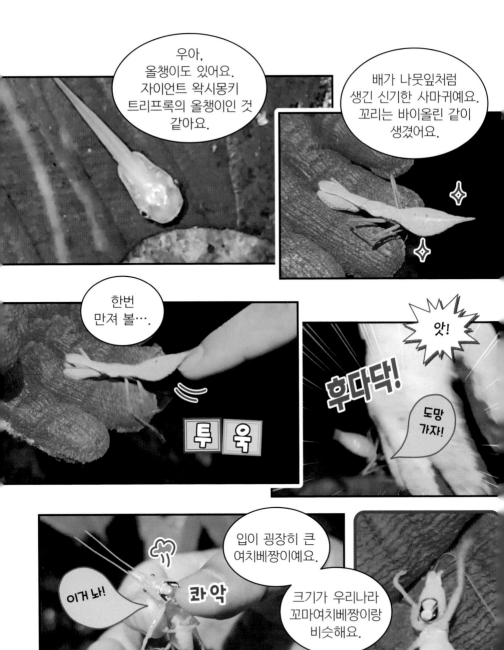

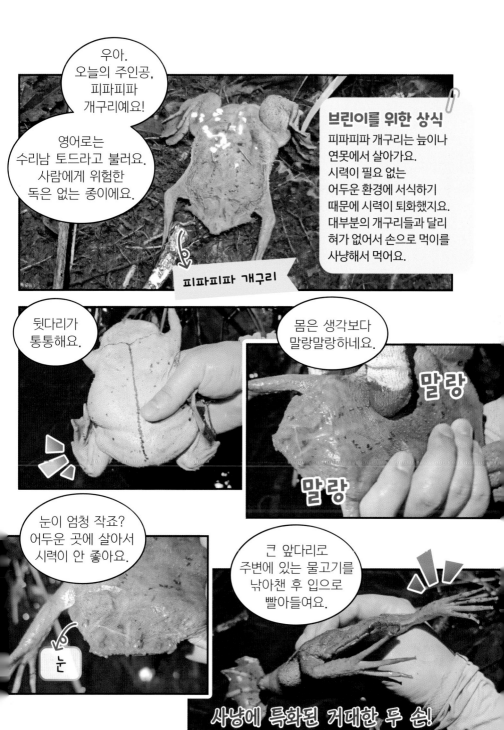

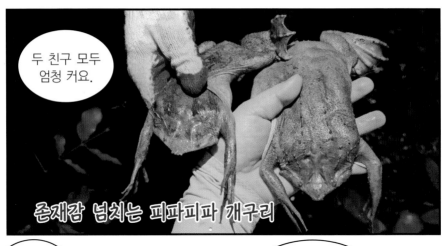

존재감 넘치는 피파피파 개구리

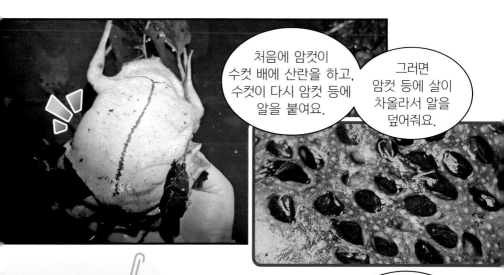

처음에 암컷이 수컷 배에 산란을 하고, 수컷이 다시 암컷 등에 알을 붙여요.

그러면 암컷 등에 살이 차올라서 알을 덮어줘요.

브린이를 위한 상식

피파피파 개구리는 암컷의 등에 있는 구멍에서 새끼가 태어나요. 암컷의 진짜 피부를 뚫고 나오는 건 아니기 때문에 암컷이 아픔을 느끼지는 않아요. 시간이 지나면 암컷의 등에는 새 살이 돋아나 구멍이 다 사라져요.

암컷의 등에 있는 구멍에서 올챙이에서 개구리로 성장한 새끼들이 태어나는 신비로운 친구죠.

번식 방법이 독특한 피파피파 개구리

숨을 쉬러 표면으로 잠깐 올라올 때 빼고는 보기 힘들어요.

우기에는 채집이 어려운데, 그래도 건기에는 쉽게 볼 수 있어요.

자연에서는 주로 작은 물고기나 수서곤충을 잡아먹어요. 종종 동족까지도 먹는 포식성을 가지고 있어요.

수명은 길지 않지만, 우리나라에도 수입되면서 많은 분이 키우고 있어요.

아직 우리나라에서 번식한 사례는 듣지 못했어요. 얼른 좋은 소식이 있으면 좋겠네요!

자연에서 더 건강한 새끼를 낳지!

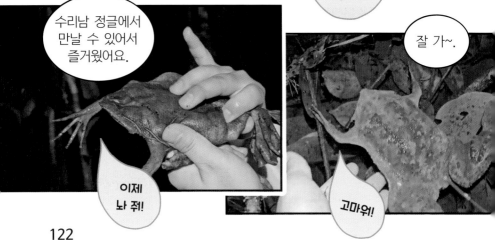

수리남 정글에서 만날 수 있어서 즐거웠어요.

잘 가~.

이제 놔 줘!

고마워!

정브르의 양서류 탐구

개구리는 미끌미끌한 피부를 가진 대표적인 양서류예요.
주로 습한 지역에 서식하며, 울음소리로 소통해요.

영상으로
확인해 봐요! ▶

★정브르의 양서류 탐구★

양서류 이름: 아프리카 황소개구리

이름은 황소개구리이지만, 생태계
교란종인 황소개구리와 다른 종으로,
'픽시 프록'이라고도 불러요.
수컷이 암컷보다 크고, 무엇이든
가리지 않고 잡아먹는답니다.

· 크기: 평균 15~25cm
· 먹이: 곤충, 작은 동물 등
· 사는 곳: 사바나 초원, 습지 등

★개구리가 우는 이유★

개구리는 번식과 호흡을 위해서 "개굴개굴" 하고
울어요. 번식기가 되면 수컷이 울음소리를 내는데,
암컷이 이 소리를 듣고 찾아와 짝짓기를 한답니다.

또한 비가 내리는 날에는 습도가 높아서 개구리들이
피부로 호흡을 하기 편해져요. 따라서 쉽게 호흡을
하기 위해서 큰 소리로 "개굴개굴" 하고 운답니다.

흰 입술 청개구리 →

빨간 눈 청개구리 →

7화
수백 마리 황금색 올챙이의 정체는?

쉽게 볼 수 없는 황금빛 개구리를 만나러 가볼까요?

제일 오른쪽에 있는 게 청개구리 올챙이고, 그 옆에 있는 게 참개구리 올챙이, 바로 알비노 황금 올챙이예요.

참개구리 올챙이

청개구리 올챙이

이곳에서 황금 올챙이를 발견했다는 제보를 받고 왔어요!

브린이를 위한 상식

참개구리는 우리나라에서 가장 흔하게 볼 수 있는 개구리예요. 주로 논이나 연못 주변에 서식하며, 몸길이가 6~9cm로 큰 편이지요. 4~6월에 산란하고, 한 번에 최대 1,000개의 알을 낳아요.

과연 이곳에 황금 올챙이가 있을까?

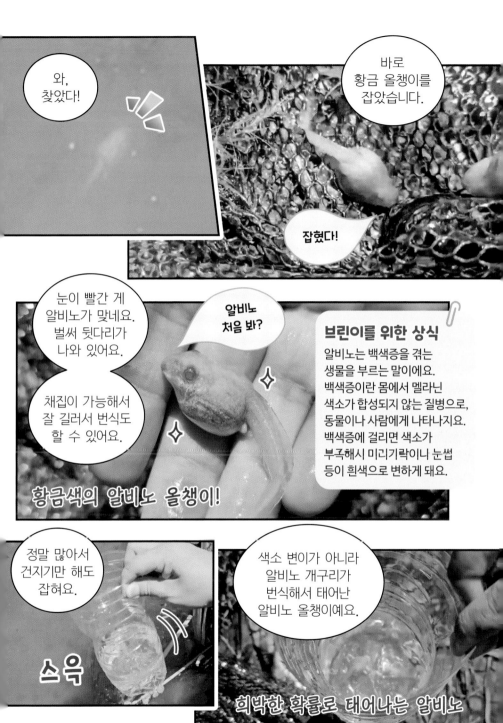

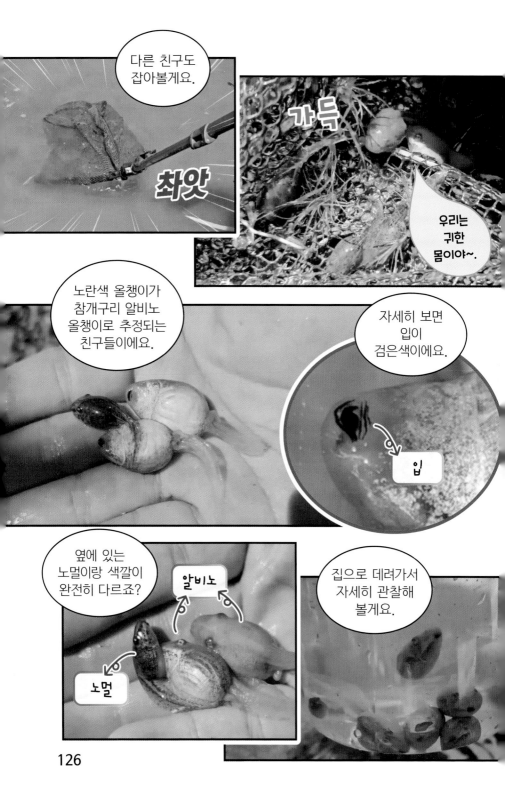

126

*물잡이: 물고기 등의 생물이 살 수 있도록 환경을 조성하는 것.

희귀하고 특별한 알비노 개구리

128

*프로그렛 단계에 가까워지면 몸통이 작아지고 잘 안 먹어요.

관찰 7일 후

반면 여기 두 친구는 아직 통통하죠.

한 마리가 벌써 육지로 올라왔어요. 조금만 있으면 꼬리가 들어갈 텐데, 무럭무럭 잘 크고 있네요.

조금만 기다려~.

이 친구들도 공기 호흡을 하고 있어요.

빼 꼼

드디어 두 마리가 새끼 개구리가 되었어요.

이 친구도 공기 호흡을 하려고 준비 중이네요. 곧 진화할 거예요.

뻐 끔

뻐 끔

*프로그렛: 올챙이와 개구리 사이의 단계.

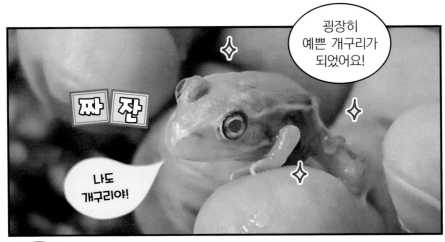

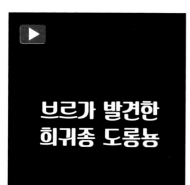

우리나라의 고유종이면서 희귀종인 꼬리치레 도롱뇽을 찾으러 갈게요!

브르가 발견한 희귀종 도롱뇽

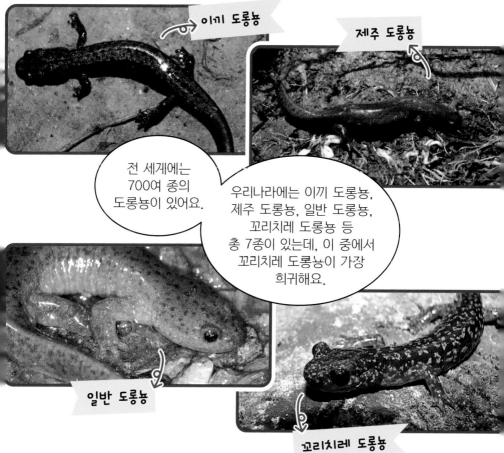

이끼 도롱뇽

제주 도롱뇽

전 세계에는 700여 종의 도롱뇽이 있어요.

우리나라에는 이끼 도롱뇽, 제주 도롱뇽, 일반 도롱뇽, 꼬리치레 도롱뇽 등 총 7종이 있는데, 이 중에서 꼬리치레 도롱뇽이 가장 희귀해요.

일반 도롱뇽

꼬리치레 도롱뇽

보통 흐르는 물이 아닌, 물이 얕고 잔잔한 곳의

돌멩이 아래에서 *유생들을 발견할 수 있어요.

스윽

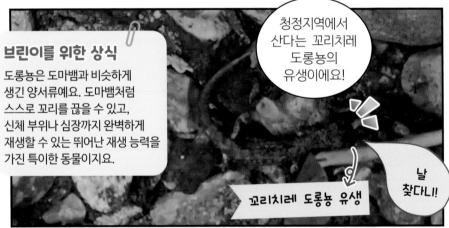

청정지역에서 산다는 꼬리치레 도롱뇽의 유생이에요!

브린이를 위한 상식

도롱뇽은 도마뱀과 비슷하게 생긴 양서류예요. 도마뱀처럼 스스로 꼬리를 끊을 수 있고, 신체 부위나 심장까지 완벽하게 재생할 수 있는 뛰어난 재생 능력을 가진 특이한 동물이지요.

꼬리치레 도롱뇽 유생

날 찾다니!

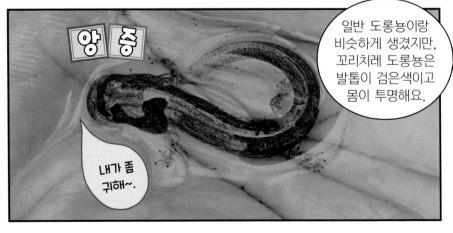

앙 증

일반 도롱뇽이랑 비슷하게 생겼지만, 꼬리치레 도롱뇽은 발톱이 검은색이고 몸이 투명해요.

내가 좀 귀해~.

132 *유생: 곤충의 애벌레, 개구리의 올챙이 등 알에서 부화한 뒤 성체가 되기 전의 시기.

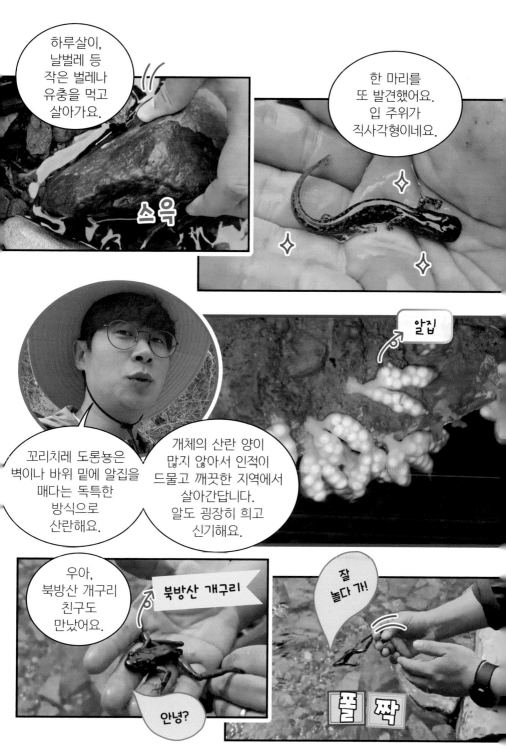

우아, 색깔이
예쁜 친구예요.

성체는
아니지만 여기저기
많이 있어요.

밥
주세요!

나랑
놀자!

꼬리치레 도롱뇽은
보통 3~5월에
산란해요.

2~3년의 유생 기간을
거치면 아가미가 사라지고
피부로 공기 호흡을 하면서
육지에서 살아가요.
산란할 때만 물에 들어가는
독특한 친구랍니다.

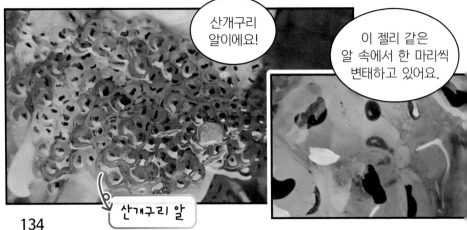

산개구리
알이에요!

이 젤리 같은
알 속에서 한 마리씩
변태하고 있어요.

산개구리 알

정브르의 양서류 탐구

개구리는 주로 물이나 물가 주변에 알을 낳아요.
암컷이나 수컷이 알을 직접 운반하며 보살피는 개구리도 있어요.

영상으로
확인해 봐요! ▶

★정브르의 양서류 탐구★

양서류 이름: 솔로몬 리프 프록

오세아니아 대륙의 솔로몬 제도에
서식하는 개구리예요. 잎사귀와
닮은 생김새로 쉽게 위장할 수
있지요. 솔로몬 리프 프록은 알에서
올챙이 단계 없이 바로 개구리가
태어나요.

· 크기: 평균 7~10cm
· 먹이: 곤충, 작은 동물 등
· 사는 곳: 열대우림

★개구리의 성장 과정★

대부분의 개구리는 알에서 태어나 올챙이 단계를
거쳐 개구리로 성장해요. 올챙이 단계에서는 다리가
없고 물고기처럼 헤엄쳐 다니며 아가미로 호흡해요.

올챙이에서 개구리로 성장하면서 뒷다리와 앞다리가
생기고, 폐로 호흡하기 시작해요. 다리가 모두 생기면
꼬리가 점차 사라지고 완전한 개구리가 된답니다.

올챙이 단계 ↘

개구리 초기 단계 ↗

알쏭달쏭 나는 누구일까요?-①

생물의 일부분이 나온 사진과 브르의 힌트를 보고
생물의 이름을 맞혀 보세요.

1

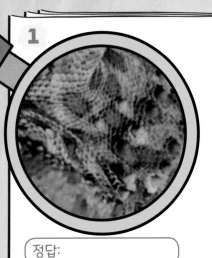

· 브르의 힌트 ·

· 아시아와 태평양에 위치한
  섬에 서식해요.

· 야행성이며, 울음소리가 독특
  해요.

· 동족 인식을 해서 같이 있으면
  서로를 가족이라고 생각해요.

정답:

2

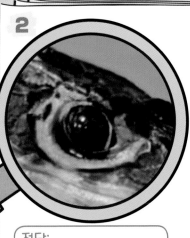

· 브르의 힌트 ·

· 오스트레일리아 뉴기니섬에
  서식해요.

· 천적을 만나면 죽은 척을 해서
  위기를 벗어나요.

· 성체가 되면 눈 옆에 붉은색이
  생겨요.

정답:

누구게?

3

· 브르의 힌트 ·

· 바위 틈에 여러 마리가 함께
  살아요.

· 그리스 신화에 등장하는 괴수
  '우로보로스'와 비슷해요.

· 방어할 때 자기 꼬리를
  물어요.

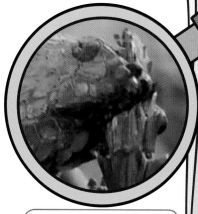

정답:

4

· 브르의 힌트 ·

· 동남아시아, 맹그로브숲 등에
  서식해요.

· 등 밑에서 꼬리까지 이어지는
  부분에 볏이 나 있어요.

· 물갈퀴가 없지만, 발톱이 크고
  수영을 잘해요.

정답:

알쏭달쏭 나는 누구일까요? - ②

생물의 일부분이 나온 사진과 설명을 보고
생물 이름을 찾아 연결해 보세요.

볼록하게 올라와 있는 등딱지에 아름다운 무늬가 있어요.

한 번 먹이를 먹으면 오랫동안 먹지 않고도 생활할 수 있어요.

거대한 육지거북이에요. 앞발에 있는 돌기로 땅을 파요.

그린 아나콘다

· 크기: 평균 4~6m
· 먹이: 물고기, 새 등
· 사는 곳: 늪, 습지 등

인도별거북

· 등딱지 길이: 약 40~50cm
· 먹이: 씨앗, 열매 등
· 사는 곳: 밀림, 맹그로브숲

설가타

· 등딱지 길이: 약 50~80cm
· 먹이: 식물, 과일 등
· 사는 곳: 초원, 사막 등

몸에 흰색 무늬가 있고, 에메랄드 트리 보아를 닮았어요.

레오파드 게코

· 크기: 약 20~25cm
· 먹이: 곤충 등
· 사는 곳: 초원, 사막

눈꺼풀이 있고, 발에 흡반이 없어서 벽에 달라붙지 못해요.

사타닉 리프테일 게코

· 크기: 약 7~15cm
· 먹이: 곤충 등
· 사는 곳: 마다가스카르의 열대우림

위험을 느끼거나 사냥을 할 때 잎으로 위장해요.

그린 게코

· 크기: 최대 10cm
· 먹이: 곤충 등
· 사는 곳: 뉴질랜드의 삼림

정답

138~139p

1 정답: 토케이 게코

3 정답: 거들테일 아르마딜로

2 정답: 레드아이 아머드 스킨크

4 정답: 세일핀 리자드

140~141p

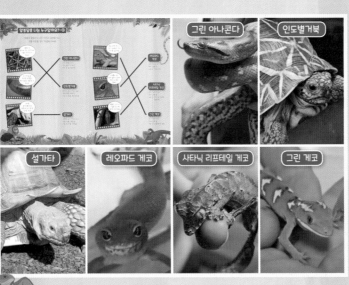

그린 아나콘다

인도별거북

설가타

레오파드 게코

사타닉 리프테일 게코

그린 게코

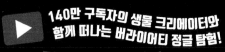